초판 1쇄 인쇄 2015년 1월 7일
초판 1쇄 발행 2015년 1월 14일

지은이 정완상
글 안치현
그림 VOID

발행인 장상진
발행처 경향미디어
등록번호 제313-2002-477호
등록일자 2002년 1월 31일

주소 서울시 영등포구 양평동 2가 37-1번지 동아프라임밸리 507-508호
전화 1644-5613 | **팩스** 02) 304-5613

ⓒ 정완상
ISBN 978-89-6518-121-7 63410
      978-89-6518-120-0 (set)

경향에듀는 경향미디어의 자녀교육 전문 브랜드입니다.

4학년 1학기 초등 수학 개정 교과서 전격 반영

늑대인간 최후의 전투 上

큰 수 | 곱셈과 나눗셈 | 각도 | 삼각형

저자 **정완상** 글 **안치현** 그림 **VOID**

경향에듀

〈몬스터 마법 수학〉으로 초등 수학 완전 정복!

흔히 기본에 충실하면 된다고들 말하지요. 계산에만 열을 올리고 있다가 처음 문장제(문장으로 기술된 수학 문제)를 접하게 되면 초등학생들은 어떻게 식을 세워야 할지 몰라 난감한 표정을 짓습니다. 그래서 이번 시리즈를 준비해 보았습니다. 초등 수학의 대표적인 문제 유형을 동화로 풀어 쓰자는 것이 이번 기획이었지요. 스토리 작가와 수학 콘텐츠 작가와 삽화 작가 세 사람이 재미있는 책을 만들기 위해 서로의 장점을 모았습니다.

최근 스마트폰의 열풍으로 아이들이 스마트폰의 게임이나 채팅에 너무 많은 시간을 빼앗겨 수학 공부에 재미를 붙이기가 쉽지 않습니다. 교과서가 과거보다는 많이 나아졌지만 아이들의 흥미를 유발하기에는 아직 부족한 점이 많다는 생각에 이 책을 기획하였습니다. 이 책은 아이들이 마치 게임을 하듯이 술술 읽어 내려가면서 저절로 수학의 개념을 깨우치도록 하는 데 목적을 두었습니다.

4학년 1학기 과정은 3학년 수학의 연장입니다. 4학년 1학기 과정은 큰 수, 곱셈 나눗셈, 각도, 삼각형, 혼합 계산, 분수, 소수, 규칙 찾기 등입니다.

이 책을 통해 아이들이 동화의 세계와 수학 공부가 따로 존재하는 것이 아니라 공존할 수 있다는 것을 알게 되었으면 합니다. 또한 스토리텔링을 이용한 수학 공부를 통해 아이들이 수학에 점점 흥미를 가지게 되어 오일러나 가우스와 같은 훌륭한 수학자가 탄생하기를 기원해 봅니다. 끝으로 이 책이 나올 수 있도록 함께 고민한 경향미디어의 사장님과 경향미디어 편집부에 감사의 말을 전합니다.

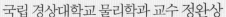

국립 경상대학교 물리학과 교수 정완상

목차

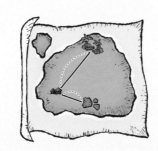

반올림

초등학교 6학년으로 평소에는 덤벙거리지만 한번 문제에 맞닥뜨리면 엄청난 집중력과 응용력을 발휘한다. 임기응변과 순발력이 좋다. 아름이, 일원이와는 유치원 삼총사다. 어렸을 적부터 천부적인 수학적 재능을 가지고 있었으며 장래희망은 세계적인 수학자이다.

담임 선생님으로부터 방학이 끝나면 국제 수학 올림피아드 대회에 참가할 팀을 선발한다는 소식을 접한다. 단, 세 명 이상으로 구성된 팀이어야 한다는 조건이 있다. 삼총사 중 한 명인 아름이의 삼촌이자 수학 대가인 피타고레 박사님을 찾아가 함께 지내며 방학 동안 수학을 완벽히 마스터하기로 결심한다.

아름

반올림과 같은 반의 반장으로 반올림의 단짝이다. 새침하고 도도하며 공주병 증상이 있다. 속으로 반올림을 좋아하고 있지만 겉으로는 관심 없는 척한다. 수학을 제외한 모든 과목에서는 전교 1등을 놓친 적이 없다. 국제 초등학생 미술 대회와 피아노 콩쿠르에 나가서 우승을 차지할 정도로 예능에도 대단한 실력을 가지고 있다. 자신의 콤플렉스인 수학 성적을 올리기 위해 반올림과 한 팀이 되어 수학 올림피아드 대회에 참가하기로 마음먹는다.

일원

반올림과 같은 반이며 단짝이다. 뚱뚱하고 덩치가 크다. 먹는 것이라면 자다가도 벌떡 일어나고 배가 고프면 항상 반올림을 귀찮게 조른다. 집중력이 부족하고 공부 자체에 대한 열의가 없지만 방학이 시작되자마자 반올림, 아름이와 함께 놀기 위해서 억지로 섬에 따라가게 되었다.

야무진

부유한 모기업 회장님의 아들로 자칭 타칭 얼리어답터이다. 최신형 스마트폰과 최신형 스마트패드를 지니고 최신형 롤러 신발을 신고 있다. 과학에서만큼은 누구에게도 지지 않는다. 다만 수학은 반올림에게 뒤진다는 생각에 반올림에게 라이벌 의식을 가지고 있다. 아름이를 좋아하여 늘 반올림보다 멋져 보이려고 노력한다. 유난히 깔끔한 척을 하며 벌레와 파충류를 무서워하는 약점이 있다.

피타고레 박사

수학계의 거장이다. 덩치도 거대하고 자칭 고대 천재 수학자 피타고라스의 후예라고 지칭한다. 그래서 자신의 별명 또한 피타고레로 지었다. 초등 학생들의 수학 기초력 향상을 위해서 무인도에 연구소를 차려 놓고 운영 중이다. 순수하면서도 괴짜인 수학 박사로, 자신의 수학적 지식을 친구로부터 선물 받은 알셈이라는 로봇의 전자두뇌에 입력했다.

알셈

피타고레 삼촌이 친구에게서 선물받은 로봇으로, 피타고레의 조
수 역할을 한다. 박사와 함께 수학을 연구하는 땅딸보 로봇(키
60cm) 알셈은 인간에게 무척 얄밉고 거만하게 구는 면이 있다.
하지만 위기가 닥치면 로봇다운 힘을 발휘하기도 한다.

유령선 ▪ 미카엘

원래는 수학을 지키는 천사 미카엘이었으나 죄를 짓고 벌을 받
아 유령선이 되어 지구에 떨어졌다. 벌을 면제받으려면 세 명 이
상의 인간에게 완벽하게 수학을 알려 주어야 한다. 반올림 일행
에게 마법의 아이템을 주고 퀘스트를 통해 그 아이템들을 강화
시켜 주면서 일행을 돕는다.

루시퍼

한때 신으로부터 총애받는 천사였으나 신을 배신하고 반란을 일
으켰다가 처참하게 패배하여 지구로 떨어졌다. 자신을 최고의
천사에서 악마로 만든 신을 항상 원망하며 유령선 미카엘이 다
시 숫자의 천사로 돌아가려는 것을 악착같이 방해한다.

용용이

반올림과 친구들이 유령선 지하에 있는 몬스터 숙소에서 만나게
되는 새끼 드래곤. 알셈만 한 덩치에 작은 날개와 뿔을 가졌으며
온몸이 하얀 것이 특징이다. 반올림과 친구들이 문제를 해결하
는 데 큰 도움을 주지만 언제부터 유령선에 살고 있었는지는 아
무도 모른다. 용용이라는 이름은 아름이가 지어 줬다.

숫자벨 ·여사

몬스터 유령선 안에 있는 마법 학교의 원장이다. 그녀는 유령선의 보조 역할을 하고 있으며 유령선이 태우고 있는 몬스터들과 유령선에 타는 인간들에게 수를 알려 주는 것이 주된 임무이다.

해골 대장

숫자벨 여사가 데리고 있는 몬스터들의 대장이다. 숫자벨 여사가 수학에 최고의 열정을 보인 몬스터들 중에서 특별히 조수로 뽑았다.

레오니다스

늑대인간 무리의 족장이다. 스파르타의 왕이었던 레오니다스를 존경한 아버지가 지어 준 이름에 만족하며 그 이름만큼 용맹하게 늑대인간 전사들을 이끌며 삶의 터전인 섬을 지키려 한다. 어떠한 전투에서든 선봉장이 되어 무리의 안전을 책임진다.

칭기즈 칸

인류 역사상 가장 넓은 영토를 지배했던 위대한 왕이다. 영토를 확장하던 중 늑대인간들이 사는 섬을 발견하게 되고 침략해 정복하려고 한다.

우리의 주인공 반올림은 수학 올림피아드 우승이 목표이다. 3명이 조를 이루어야 나갈 수 있는 대회라서 방학 동안 친구들과 수학 특훈을 하기로 한다. 일원이, 아름이 그리고 야무진과 함께 아름이의 삼촌인 피타고레 박사가 있는 무인도로 여행을 떠난다. 괴짜 로봇 알셈과 피타고레 박사를 만나 수학 연구소가 있는 무인도로 가기 위해 배를 탄 반올림 일행. 그런데 갑자기 정체모를 비바람이 몰아치며 배가 침몰할 위기에 처한다.

그때 어디선가 거대한 배가 나타났고 일행은 침몰 직전 그 배에 옮겨 탔다. 놀랍게도 그 배는 과거 수학 세계의 대천사라 불렸던 유령선 미카엘이었다! 미카엘은 반올림을 포함한 일원이, 아름이에게 수학을 가르쳐 다시 천사들의 세계로 돌아가려 하고, 미카엘과 함께 지구에 떨어진 마왕 루시퍼가 그런 미카엘을 방해한다.

유령선 안에서 몬스터들과 좌충우돌 수학 대결을 펼친 일행은 유령선 안에 있는 몬스터

마법 학교에 들어가게 된다. 학교 밖으로 나가서는 안 된다는 규칙을 어기고만 일행은 해골 대왕의 저주를 받는다. 고대 이집트와 그리스 로마로 떨어진 반올림 일행은 그곳에서 수학을 배우게 된다.

　네로 황제에게 고초를 당하고 있을 때 미카엘이 나타나 유령선에 무사히 돌아온 반올림 일행. 그러나 다시 루시퍼 부하를 물리치러 중세 시대로 시간 여행을 떠나게 된다. 그곳에서 마법기사단이 되어 위기를 헤치고 무사히 유령선에 돌아와 '내일은 집에 돌아갈 수 있다.'며 잠에 든다. 그런데 갑자기 들려오는 경고음에 잠에서 깬 반올림! 반올림과 친구들은 원래 세계로 돌아갈 수 있을까?

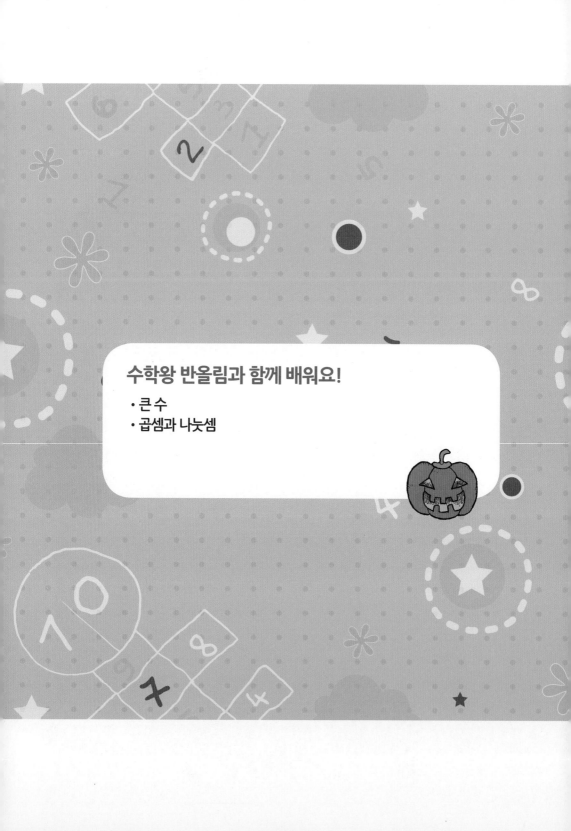

수학왕 반올림과 함께 배워요!

- 큰 수
- 곱셈과 나눗셈

1장
늑대
인간들의
은신처

"유령선이 땅으로 추락한다! 모두 꽉 잡아!"

"추락이요? 으아아아악~!"

내일이면 집으로 돌아갈 수 있을 거라고 들뜬 마음으로 잠들었는데 난데없이 추락이라니? 미카엘은 추락의 충격을 최소화하기 위해 신경을 곤두세우고 있는지 경고를 남긴 이후에는 이렇다 할 부연 설명이 없다. 빠른 속도로 추락하고 있는 이 상황은 납득시키기도, 납득하기도 힘든 상황이지만······.

언젠가 책에서 '인생이 주마등처럼 스쳐지나간다.'는 표현을 본 적이 있다. 나는 주변을 둘러보았다. 단짝 아름이와 일원이 그리고 아름이의 삼촌인 피타고레 박사와 그의 로봇 조수 알셈······ 아! 야무진도 있다. 어젯밤만 해도 집에 돌아간다고 신나했는데······. 지금 우리는 바닥에 납작하게 엎드린 채 다가올 충격을 숨죽여 기다렸다. 체감 시간은 10여 분이었지만 실제로는 10초도 되지 않은 시간이 흐르고 엄청난 소리가 들렸다.

콰앙! 우지끈!

얼마나 시간이 지났을까? 숫자벨 여사님의 목소리가 들렸다.

"으음……. 여러분, 모두 괜찮아요?"

"그, 그런 것 같은데요? 어떻게 내가 살아 있지?"

부스럭거리며 몸을 일으키는 일행들 틈에서 피타고레 박사님의 목소리가 들렸다. 어라? 그런데 귀를 찢는 듯한 굉음이 난 것치고는 크게 다치지 않았다.

"으읏, 아야야야. 네. 저흰 괜찮아요."

"어떻게 된 거지? 엄청 높은 곳에서 떨어진 것 같은데……."

아름이와 일원이도 비틀거리며 자리에서 일어나는 걸 보니 다친 곳은 없는 것 같았다.

"으악! 내 최신형 아이퐁 액정이 깨졌잖아!"

액정이 박살난 스마트폰을 들고 발을 동동구르는 것으로 야무진의 무사함을 확인했다. 다시는 부모님 얼굴을 못 볼지도 모른다는 생각까지 했던 나는, 그 정도 일로 우울해하는 야무진을 이해할 수 없었다. 서로 무사하다는 사실을 확인하고 있을 때 미카엘의 목소리가 유령선 전체에 울려 퍼졌다.

"으으……. 다들 괜찮은가? 알다시피 나는 이 유령선 안에서라면 마법을 쓸 수 있다. 내 마법으로 승선해 있는 너희를 추락

충격에서 보호할 수 있었지만 유령선의 파손은 막지 못했어. 아무래도 이 상태로는 하늘을 날기는커녕 바다에 뜨지도 못할 것 같다."

"네에?! 그럼 저희는요? 저희는 집에 갈 수 없는 건가요?"

"미안하지만 지금은 그렇다고 봐야지. 시간 여행은 둘째치고 항해조차 할 수 없는 지경까지 파손되었으니……. 밖으로 나와 배의 상태를 살펴봐 주겠나?"

"흑! 이럴 줄 알았으면 어젯밤 집으로 떠날걸……."

내가 하고 싶은 말이 아름이의 입에서 나왔다. 실은 어젯밤 집으로 돌아갈 수 있었는데 너무 피곤해서 배 안에서 하룻밤만 자고 오늘 아침 떠나기로 했던 것이다. 믿고 싶지 않은 상황에 순간 멍해 있었다.

"일단 모두 함께 밖으로 나가보자꾸나."

피타고레 박사님께서 배 밖으로 나가며 말씀하셨다. 우리는 모두 우거지상을 한 채 터덜터덜 배 밖으로 나갔다. 바깥에서 본 유령선의 모습은 참으로 처참했다. 일행 중 누구도 상처를 입지 않았다는 게 신기할 만큼 온전한 부분을 찾아보기 힘들었다. 심지어 불이 붙은 곳도 있었다.

"이제 어떡하지?"

"잠깐만, 그런데 대체 여기가 어디지?"

아름이의 말에 나는 고개를 돌려 주위를 살펴보았다. 유령선이 불시착한 곳은 정체 모를 섬이었다. 울창한 숲은 나무를 벤 흔적이 없는 것으로 보아 무인도인 것 같았다.

"귀찮게 됐군. 하필이면 과거에서 현대로 시간 여행을 하는 도중 추락해 버려서 '지금'이 어느 시대인지 모르겠구나. 현대에 이르지 못했으니 과거임은 분명하다. 다행히 유령선은 최첨단 기계로 만들어진 건 아니니 근처에서 배를 수리해 줄 만한 사람을 찾아봐 주겠나?"

미카엘이 말을 마치자마자 우리 옆에 서 있던 해골 대왕이 말했다.

"미카엘 님 말씀대로 해. 우리 몬스터들은 부서진 파편 중에 쓸 만한 걸 골라 어떻게든 수리해 보고 있을 테니까 너희들은 이 무인도에서 도움을 줄 사람을 찾아보도록 해!"

"네에……."

그렇게 우리는 울며 겨자 먹기로 생각지도 못한 무인도 탐험에 나서게 되었다.

뙤약볕에서 무인도의 울창한 숲속을 뚜렷한 목적지도 없이 헤매자니 힘이 배로 든다. 비 오듯 흐르는 땀은 닦는 족족 다시 흘렀다. 일행의 거친 숨소리 사이로 야무진의 목소리가 들렸다.

　"도대체 여기가 어느 시대인 줄 알고 배를 고쳐줄 사람을 찾으라는 거야? 설마 석기 시대나 원시 시대인 건 아니겠지?"

　"우와, 살아 있는 공룡을 볼 수 있겠다!"

　"어머, 정말? 진짜로 봤으면 좋겠다! 육식 공룡 말고…… 음, 예쁜 아기 공룡!"

　야무진의 투덜거림에도 일원이와 아름이는 공룡을 볼 수 있겠다며 활짝 웃었다. 너무 부정적이어도 너무 긍정적이어도 수다에 동참할 마음은 들지 않는구나. 셋의 수다를 가만히 듣던 알셈이 한마디 했다.

　"어이, 인간들! 너희들이 공룡의 패스트푸드가 될 수도 있다는 생각은 안 들어?"

　"헉!"

"하하하, 그럴지도 모르겠구나. 하지만 그렇게 오래된 시대 같지는 않구나. 응?"

놀라 얼굴이 노래진 친구들을 진정시키던 피타고레 박사님께서 말씀을 멈추고 숲속 어딘가를 바라보셨다.

"얘들아! 저것 좀 보거라! 웬 동물이 쓰러져 있는데?"

박사님이 가리킨 곳을 향해 슬금슬금 걸음을 옮겼다. 가까이 다가갈수록 그 물체가 점점 더 또렷하게 보였다.

"어머! 저게 뭐지? 강아지인가?"

"아냐, 저건 새끼 늑대야!"

일원이의 말에 아름이가 크게 외쳤다. 새끼 공룡은 아니지만 새끼 늑대를 발견한 게 기쁜 눈치였다. 그런데 한달음에 달려간 아름이가 얼굴을 굳히며 새끼 늑대 옆에 쪼그려 앉는 게 아닌가.

"세상에, 가엾어라. 어쩌면 좋지?"

감수성이 풍부한 아름이의 목소리는 이미 흠뻑 젖어 있었다. 가까이 가서 보니 새끼 늑대가 한쪽 다리가 덫에 걸린 채 바들바들 떨고 있었다.

유령선을 수리해 줄 사람을 찾는 게 급선무였지만 다친 새끼 늑대를 못 본 척하고 떠날 수는 없었다. 누가 먼저랄 것도 없이 우리 일행은 '새끼 늑대 구출하기'에 힘을 모았다. 먼저 피타고레 박사님께서 조심스럽게 덫을 풀어 새끼 늑대의 다친 발을 빼 주었다. 야무진은 스마트폰에서 약초로 쓸 만한 풀들을 검색해 일원이와 내게 보여 주었다. 나와 일원이는 약초로 보이는 풀들을 찾아 알셈에게 건넸다. 알셈은 기계음으로 으스대며 말했다.

"자, 이 몸의 놀라운 3D 프린터를 구동해 볼까?"

알셈의 잘난 척은 얄밉지만 3D 프린터의 기능이 유용한 건 사실이다. 3D 프린터는 재료를 넣기만 하면 그 재료를 원료로 하는 물건을 만들어 내는 기능을 갖고 있다. 알셈은 나와 일원이가 구해 온 약초를 3D 프린터에 넣고 초록색 연고를 만들어 냈다.

"내가 바를게."

아름이가 초록색 연고를 새끼 늑대의 상처에 조심스럽게 발랐다. 상처가 따가운지 새끼 늑대는 아름이의 손이 닿을 때마다 움찔거렸다. 아름이는 그때마다 사과하며 상처에 꼼꼼히 연고를 모두 발랐다. 피타고레 박사님께서는 흰 가운의 안감을 조금 찢어 붕대를 만들어 상처 부위를 감아 주셨다. 새끼 늑대의 상처는 다행히 깊지 않았다. 그런데 기력을 다 소진한 것 같아 기운을 차릴 때까지 아름이가 안고 가기로 했다.

'새끼 늑대 구출하기'가 일단락되자 나는 내내 하고 싶었던 말을 꺼냈다.

"피타고레 박사님 말씀대로 그렇게 오래된 시대는 아닌 것 같아. 조금 어설프긴 하지만 이 덫은 제대로 된 모양을 갖추고 있어. 어느 정도의 도구 지식이 있는 사람이 만든 것 같아."

"그러고 보니 그러네. 이 섬에 사냥꾼이라도 있는 걸까?"

"어? 이봐, 인간들. 저기, 연기가 피어오르는데?"

오잉? 알셈이 가리킨 저 멀리 숲속 어딘가에서 정말로 연기가 피어오르고 있었다.

"사람이 불을 피우고 있나 본데? 가 보자!"

"끼이잉……."

"왜 그러니? 무서워? 괜찮아."

새끼 늑대가 품에서 버둥대는지 달래는 아름이의 목소리가 들렸다. 야무진은 새끼 늑대를 부러운 눈빛으로 힐끗거렸다. 그때 피타고레 박사님의 목소리가 들렸다.

"이쪽이야! 여기서 연기가 나는구나."

불 피운 흔적과 집으로 보이는 형체가 여럿 있었지만 사람은 보이지 않았다.

"이게 뭐야? 원시 부락 아냐?"

"그렇지만 아까 그 덫은 분명히 금속으로 되어 있었어. 원시 시대에서는 만들 수 없는……."

내가 말을 끝맺기도 전에 인기척이 나더니 갑자기 부락 어딘가에서 누군가 소리쳤다.

"앗! 인간이다! 인간이 나타났다!"

"뭣이?! 비상! 비상! 전원 공격 준비!"

엥? 어디서 나는 소리지? 소리의 진원지를 파악하기도 전에 부락 여기저기에서 손에 칼이며 창을 든 이들이 뛰쳐나왔다. 그런데 그들은 사람이 아니었다.

"늑대인간?!"

"으아악! 모, 몬스터잖아?!"

"이 녀석들, 루시퍼의 부하들인가? 어째서 이 섬에!?"

우리는 갑작스럽게 벌어진 상황에 정신을 못 차리고 우왕좌 왕하고 있었다. 그때 힘깨나 쓸 것 같아 보이는 거

대한 늑대인간이 아름이 쪽을 보고 외쳤다.

"아니?! 저건 없어진 우리 막둥이잖아! 이 못된 인간 놈들! 감히 내 아기를 납치하려 하다니! 살려 두지 않겠다!"

"뭣? 무, 무슨 소리야?"

"그게 아니라…… 우왓! 잠깐만!"

"꺄아악!"

뭔가 크게 오해를 한 것 같아 자초지종을 설명하려 했는데 그가 휘두르는 몽둥이 때문에 말을 끝맺지 못했다. 납치한 게 아니라 구해 준 거거든?! 억울한 마음에 품속의 해골 목걸이로 반격을 준비하려는 찰나였다.

"멈춰라!"

대격전이 벌어질 뻔한 아슬아슬한 순간에 누군가의 호통이 들렸다. 무리를 헤치고 위풍당당하게 걸어오는 폼이 부락의 대장으로 보였다. 다른 늑대인간들이 회색빛 털을 가진 데 반해 그는 멋진 은백색 털을 가지고 있었다. 덩치도 커서 뿜어져 나오는 카리스마가 보통이 아니었다.

"저 막둥이의 다리를 봐라. 인간들이 붕대를 감아 주지 않았느냐? 그리고 여자아이가 소중하게 안고 있는 걸로 보아 나쁜 인간들 같지는 않구나."

늑대인간 대장은 아름이가 안고 있는 새끼 늑대를 보며 올바른 추리를 해냈다. 그의 말을 듣고서야 늑대인간 무리는 새끼 늑대의 붕대를 발견하고는 웅성거렸다.

"마, 맞아! 숲속에서 덫에 걸려 피를 흘리고 있는 새끼 늑대를 구해 줬어. 연기를 보고 사람을 찾아 이곳에 온 것뿐이고! 그런데 너희는 누구니? 루시퍼의 부하 몬스터들이야?"

나는 좌중이 조용한 틈을 타 궁금한 것을 쏟아 내며 늑대인간 대장을 쳐다보았다.

내 말에 조금 전 나를 몽둥이로 내려치려 했던 늑대인간이 호통을 쳤다.

"무엄하다! 감히 레오니다스 님께 루시퍼 따위의 부하냐고 묻다니!"

"그만! 됐다."

"레오니다스?"

어디서 들어 본 것 같은 이름인데 기분 탓인가? 아름이에게 아냐는 눈빛을 보냈더니 기다렸다는 듯 설명을 시작했다.

"레오니다스는 기원전 480년까지 스파르타의 왕이었던 사람이야. 바로 그 기원전 480년에 어마어마한 수의 페르시아군이 침입했는데, 스파르타군 300명과 테스피스인 700명으로 테르모필레라는 곳에서 용감하게 싸우다가 모두 전사했어. 그 이야기는 영화나 소설로도 많이 만들어졌어. 우리나라로 치면 이순신 장군님쯤 되는 그리스의 영웅이지."

우와! 역시 아름이는 한국사든 세계사든 척척박사라니까! 잠깐, 그런데 이 늑대인간 대장 이름이 레오니다스라고?

"후후. 그렇다네. 내 이름도 레오니다스! 인간의 역사에서 우리 늑대인간이 전사라고 인정하는 유일한 인물이 레오니다스라네. 그를 존경한 아버지께서 나에게 이 이름을 지어 주셨지.

참고로 나는 이 섬에서 268세의 나이에 최연소로 족장이 된 인물이야. 크흠!"

헉! 나이 진짜 많네! 268세가 최연소 족장이라고!? 으음, 최소한 이 몬스터에게는 반말하면 안 되겠다.

"그, 그렇군요. 그런데 갑자기 인간이라고 외치며 무작정 공격을 하여 루시퍼의 부하라고 오해를……. 그렇다면 낯선 이에게 왜 이렇게 적대적인가요?"

"음. 이야기가 길어질 것 같으니 내 막사로 오겠나? 우리 종족의 아이를 구해 주기도 했으니 다과를 대접하겠네."

그렇게 레오니다스를 따라 그의 막사에 들어갔다. 곧 바구니 가득 과일이 준비되었고 우리는 새콤달콤한 과일을 먹으며 놀라운 이야기를 들을 수 있었다. 레오니다스와 늑대인간 무리는 인간의 눈에 보이지 않는 마법으로 보호된 이 섬에서 평화롭게 살고 있었는데, 어느 날 섬에 찾아온 루시퍼가 자신의 부하가 되라며 협박 섞인 제안을 했단다. 정의로운 늑대인간들은 제안을 거절했고, 그에 화가 난 루시퍼가 섬의 마법을 파괴해서 인간들의 눈에 이 섬이 보이게 만들었단다. 그 후로 이 섬을 점령하려는 인간들이 나타났고 섬의 원주민인 늑대인간들을 오히려 몬스터 취급하며 공격했다는 것이다.

"헤에……. 그래서 그렇게 인간이라면 질색을 하신 거군요. 아참! 그보다 저희도 드릴 말씀이 있는데요."

이번엔 내가 레오니다스에게 우리 이야기를 했다. 미카엘이라는 수학 대천사를 만난 일부터 그동안의 모험 그리고 마지막으로 배가 파손되어 수리가 필요한 현재의 상황까지 전하며 도움을 요청했다. 내 이야기를 신중히 듣던 레오니다스는 유감스럽다는 표정으로 입을 뗐다.

"아니, 그건 어렵다네. 지금 우리는 섬을 점령하려는 인간들의 군대와 맞서 필사의 전투 중이야. 배를 수리할 만한 물자나 도구는 있지만 전투에 사용할 것들이라 쉽게 빌려줄 수가 없다네."

"조금이라도 빌려주실 수는 없을까요? 얼마나 갖고 계신데요?"

"음, 어디 보자. 우리도 그리 넉넉한 편이 아닌데……. 사령관! 작전 지도를 가져오게."

그 말에 옆에 서 있던 다른 늑대인간이 절도 있는 동작으로 거대한 지도를 가져와 탁자 위에 펼쳤다. 그 작전 지도에는 이

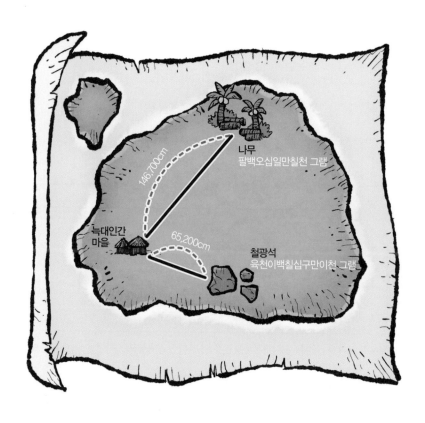

나무
팔백오십일만칠천 그램

146,700cm

늑대인간
마을

65,200cm

철광석
육천이백칠십구만이천 그램

섬의 지형과 곳곳에 갖춰져 있는 전쟁 물자 등이 표시되어 있었다. 정교한 지도에 감탄하며 내용을 훑어보는데 지도에 기록된 내용이 눈에 들어왔다.

"이, 이게 뭐야? 지도는 정확한 것 같은데, 왜 거리는 센티미터로, 무게는 그램으로 적은 거예요?"

내가 어이없어하며 묻자 레오니다스는 머쓱한 표정으로 뒤통수의 갈기를 벅벅 긁으며 말했다.

"아아. 부끄럽게도 우리 늑대인간들은 수학에 좀 약해서 말일세. 그나마 우리 중에 똑똑한 녀석들이 만든 지도인데, 거리를 잰 녀석은 cm(센티미터) 단위밖에 모르고, 물자의 무게를 측정한 녀석은 g(그램) 단위밖에 모른다네. 1, 2, 3 같은 아라비아 숫자도 적을 줄 몰라서……."

"으으윽! 이 정도면 정말 심각한 거 아니에요? 일단 펜 좀 줘 보세요. 제가 고쳐 드릴게요."

레오니다스는 펜을 가져다주었다. 그 사이 다른 친구들은 지도를 보며 머리를 싸맸다.

"이건 뭐라고 읽어야 하지? 숫자가 너무 커. 146,700cm……일, 사, 육, 칠, 영, 영 센티미터?"

"그건 아닌 것 같은데? 146,700이라면…… 백사십육천칠백 센티미터 아닐까?"

"어휴, 정말 너희들 이래서 수학 올림피아드에 나갈 수 있겠니?"

일원이와 아름이의 이야기를 듣던 피타고레 박사님이 한숨을 쉬셨다. 한숨이 나오는 건 나도 마찬가지였다. 친구들 수학 실력도 거의 늑대인간 수준이군. 내가 차분히 설명해 줬다.

"잘 봐. 마을에서 나무까지의 거리는 146,700은 십사만 육천칠백 센티미터야. 일의 자리부터 일, 십, 백, 천, 만, 십만이 되는 거야. 1m(미터)는 100cm라는 건 알고 있지? 그러니까 1,467m라고 쓸 수 있지. 천사백육십칠 미터라고 읽으면 돼."

그 말에 박사님께서 설명을 보태셨다.

"참고로 1000m는 1km라고 쓸 수 있지. 이건 '킬로미터'라고 읽는데, 이 단위를 이용하면 1km 467m라고 쓸 수 있단다."

"좋아! 그럼 이번엔 제가 해볼게요."

아름이가 철광석까지의 거리를 고쳐 써 보기로 했다.

"65,200cm는 육만 오천이백 센티미터! m(미터)로 고치면 652m라고 쓸 수 있구나."

아름이도 제법인데? 이번에는 물자들의 무게를 아라비아 숫자와 킬로그램으로 고쳐 쓰기로 했다.

"팔백오십일만 칠천을 숫자로 쓰면 8,517,000이 돼. 여기에 무게 단위인 g(그램)를 붙이면 되지. 참고로 1000g은 1kg이라고 쓸 수도 있는데 kg는 '킬로그램'이라고 읽어. 그러니까 8,517,000g = 8,517kg!"

내가 거기까지 말하자 이번엔 일원이가 말했다.

"알았다! 그럼 철광석은 육천이백칠십구만이천 그램이니까 62,792,000g이라고 쓰면 되겠구나? 62,792kg으로 쓸 수도 있겠네?"

그러자 알셈이 거들었다.

"참고로 1000kg은 1t이라고 쓸 수도 있지. 여기서 t는 '톤'이라고 읽는다. 즉 62,792kg = 62t 792kg이 되는 거지."

지도를 고쳐 쓰며 우리 일행은 이때다 싶어 한동안 못한 수학 공부에 집중했다. 야무진도 옆에서 한마디 하고 싶어 하는 게 보였다. 지도 수정이 착착 진행되고 있을 때 갑자기 레오니다스가 책상을 주먹으로 쾅 내리치며 말했다.

"훌륭하구나! 난 머리가 나빠서 그런지 자네들 같은 젊고 똑똑한 전사들을 좋아하지! 어떤가, 우리 늑대인간들 편에 서서 전쟁 지휘를 맡아 주지 않겠는가? 만일 전쟁에서 승리한다면 이 레오니다스의 이름을 걸고 자네들의 배를 꼭 수리해 주도록 하겠네!"

"네, 네에?!"

우리는 뜻밖의 제안에 어리둥절했다. 인간인 우리가, 몬스터의 편에 서서 인간과 전쟁을 한다고?!

2장
레오니다스
vs
칭기즈 칸

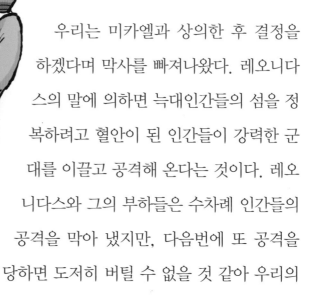

우리는 미카엘과 상의한 후 결정을 하겠다며 막사를 빠져나왔다. 레오니다스의 말에 의하면 늑대인간들의 섬을 정복하려고 혈안이 된 인간들이 강력한 군대를 이끌고 공격해 온다는 것이다. 레오니다스와 그의 부하들은 수차례 인간들의 공격을 막아 냈지만, 다음번에 또 공격을 당하면 도저히 버틸 수 없을 것 같아 우리의 지략이 필요하다고 했다. 그런데 놀라운 사실은 그 인간 군대의 대장 이름이 '칭기즈 칸'이라는 것이다. 나는 막사를 나오며 아름이에게 물었다.

"아름아, 칭기즈 칸이라면 설마……."

"응. 이야기를 듣고 보니 맞는 것 같아. 약 1155년에 태어나 1227년까지 살았던 몽골의 제 1대 왕이야. 동서양을 통틀어 인류 역사상 가장 넓은 영토를 지배했던 왕이지. 본명은 테무진인데, 그 위대한 업적을 기려 최고의 지배자라는 뜻의 몽골어인 '칸(Khan)'을 붙여 칭기즈 칸이라고 불리게 되었대."

아름이는 수학 올림피아드보다는 어린이 세계사 퀴즈쇼 같은 데 나가야 하는 게 아닐까? 새삼 아름이의 지식에 감탄하고 있는데 피타고레 박사님께서 말씀하셨다.

"정황상 이 시대는 1200년쯤인 것 같구나. 섬을 감싸고 있던 마법이 사라져서 몽골군들의 눈에 이 섬이 들어온 모양이다."

"하지만 박사님, 아무리 그래도 몬스터의 편에 서서 인간과 싸우다니 뭔가 조금 찜찜해요."

"아니! 난 싸워야 된다고 생각해!"

오잉? 갑자기 아름이가 두 주먹을 불끈 쥐며 말했다.

"아까 덫에 걸린 새끼 늑대를 봐. 칭기즈 칸이 이 섬에 들이닥치면 그런 불쌍한 새끼 늑대들이 계속 생길 거라고! 전투 능력이 있는 늑대인간뿐 아니라 힘없는 다른 늑대인간까지 닥치는 대로 죽여 버릴 거야. 절대 그렇게 둘 수는 없어!"

아름이는 새끼 늑대를 안고 오며 흠뻑 정이 들었나 보다.

"그래도 인간을 공격하는 건……."

"잘 생각해 봐, 꼴뚜기. 만일 아름이 말대로 되면 이 섬에 추락한 인간들이라고 해서 무사히 살려 둘 것 같아? 갈 길 가라고 순순히 보내 주진 않을 거야. 그들을 피하고 싶어도 배를 고치기 전에는 여기를 벗어날 방법이 없잖아."

"그, 그래. 설마 우리 보고 창칼을 들고 싸우라고 하겠어? 전쟁은 늑대인간들이 하고 우리는 그냥 막사 안에서 지휘만 하는 거지! 얼른 도와주고 배를 수리해서 여길 벗어나자고!"

웬일로 인간들의 일에 별 관심이 없는 알셈과 싸움이라면 치를 떠는 겁쟁이 야무진도 레오니다스의 제안을 받아들이자는 쪽의 의견을 냈다. 듣고 보니 둘 다 맞는 말이었다. 사실 꼭 배를 수리해 주겠다는 약속이 아니더라도 그들을 도와주고 싶었다. 늑대인간들이 루시퍼를 따르는 나쁜 몬스터들도 아닌 데다가 칭기즈 칸의 정복욕에 삶의 터전을 잃게 둘 수는 없다.

"일단 미카엘에게 가 보자!"

유령선이 추락한 곳에 도착해 미카엘에게 지금까지의 이야기를 전했다. 그리고 직접 그들과 대면한 우리 일행 대다수는 제안을 받아들이는 쪽으로 의견이 모였다고 덧붙였다. 레오니다스의 제안과 우리의 생각을 전해 들은 미카엘은 담담한 말투로 말했다.

"음, 그런가. 루시퍼의 뜻에 따르지 않는 몬스터들이 내 배에 탄 녀석들 말고도 있었군. 그래. 너희가 그렇게 결정했다면 말리지 않겠다. 늑대인간들에게 나무와 철광석을 빌리지 않고는 유령선의 수리가 불가능할 것 같다."

숫자벨 여사도 말했다.

"여러분, 정말 괜찮겠어요? 칭기즈 칸의 몽골군은 강하고 그 규모가 어마어마합니다."

"알고 있어요. 하지만 만일 늑대인간들이 모두 죽고 몽골군이 이 섬을 장악한다면, 북쪽 해안에 있는 유령선도 발각될 거예요. 그렇게 되면 결국 우리도 그들과 싸워야 해요. 피할 수 없다면, 늑대인간들 편에 서서 함께 싸워 보는 수밖에 없어요."

잠자코 내 이야기를 듣던 해골 대왕이 웬일로 미소 띤 얼굴로 내 어깨를 두드리며 말했다.

"크핫핫! 마냥 어린아이인 줄 알았더니 네 녀석 꽤 용감한 면도 있구나? 그래! 어차피 피할 수 없는 싸움이라면 남자답게 화끈하게 싸워야지!"

"하지만 반올림, 한 가지 명심할 것이 있다."

미카엘이 진지한 목소리로 말했다.

"네? 무슨……?"

"배가 부서지면서 내 마법의 힘도 아주 약해져 버리고 말았어. 너희가 지닌 마법 아이템들은 내 마법이 원천이야. 그런데 내가 이 모양이 됐으니 수리를 마치기 전까지 마법 아이템들은 무용지물일 거야."

"네엣? 그, 그럼 전혀 사용할 수가 없다는 건가요?"

아름이가 걱정스럽게 물었다. 우리의 마법의 아이템이라면 광선이 발사되는 내 해골 목걸이와 보호막을 만드는 아름이의 팔찌, 숫자들을 발사하는 일원이의 헤드셋인데, 위기의 순간에 빛을 발하며 능력이 구현된다. 그 마법의 힘이 미카엘로부터 나온 것이었다니……. 처음 알게 된 사실이었다. 그렇다면 아까 늑대인간 무리와 대적했어도 승산이 없었겠군. 미카엘의 마력이 없는 아이템은 그저 평범한 목걸이와 팔찌와 헤드셋일 테니……. 우리가 각자의 아이템을 아쉬운 표정으로 만지작거리고 있을 때 미카엘이 말했다.

"뭐가 어떻게 부서진 건지는 잘 모르겠지만, 배가 수리되기 전까지 내가 시간을 멈추고 너희에게 퀘스트를 줄 수 있는 건 딱 한 번뿐이다. 그 퀘스트를 클리어한 사람의 아이템은 잠깐이지만 마법의 능력을 사용할 수 있지. 목숨이 오고 갈 만큼 정말 위급한 순간이 찾아오면, 그때 내 이름을 부르도록 해라. 내가 도와주겠다."

"으음. 딱 한 번뿐이라……. 알았어요, 미카엘. 명심할게요."

아이템을 쓸 수 있는 순간이 딱 한 번뿐이라는 사실에 나는 아무렇지 않은 척 씩씩하게 대답했다. 그렇지만 사실 걱정이 이만저만이 아니었다. 늑대인간 전사도 아닌, 우리 같은 초등학생이 무시무시한 몽골군을 상대로 어떻게 싸울 수 있겠어? 나는 내심 우리가 가진 마법의 아이템을 이용하면 그다지 어렵지 않을 거라 생각했는데, 단 한 번밖에 기회가 없다니……. 게다가 그마저도 퀘스트에 통과해야만 기회가 주어진다.

"과연 우리가 이 싸움에서 승리할 수 있을까?"

다시 늑대인간 마을로 돌아가고 있을 때까지 내 머릿속은 이런저런 생각으로 복잡했다. 나도 모르게 생각을 입 밖으로 내뱉었나 보다. 내 말을 들은 야무진이 펄쩍 뛰며 말했다.

"뭐야, 반올림! 너 설마 늑대인간들과 같이 싸울 생각이었어? 전쟁터 한복판에서?!"

"그럼 야무진 너는 뒤에 숨어서 이래라 저래라 지휘만 하는 게 가능하다고 생각했어?"

"아, 아니…… 뭐, 그건…….."

야무진은 내 눈을 피하며 딴청을 피웠다. 이 녀석, 정말로 뒤에 숨어 있을 생각이었군? 나는 차분한 말투로 야무진에게 말했다.

"야무진, 아까 알셈도 말했지만 만약 이 전쟁에서 늑대인간들이 진다면 그다음은 우리 차례가 될 거야. 늑대인간을 도운 우리를 순순히 보내 줄 것 같아? 어차피 우리도 목숨을 걸고 싸우는 수밖에 없다고."

"맞아. 어떻게든 해보자. 우리끼리 싸우는 것도 아니고 용맹한 레오니다스와 늑대인간 전사들이 있잖아."

"역시 내 조카답구나. 하지만 얘들아, 조심해야 한다!"

"쳇, 인간들의 일에 끼고 싶진 않지만 이번엔 어쩔 수 없군."

"어서 가자! 아까 먹다 남긴 다과 마저 먹을래!"

그렇게 우리는 저마다 굳은 결심을 하고 늑대인간 마을로 가는 발걸음을 재촉했다. 물론 야무진은 울상을 한 채 억지로 끌려가다시피 했지만.

다시 만난 레오니다스에게 우리의 결정을 전하자 그는 솥뚜껑만 한 손바닥으로 우리들 등을 두드리며 크게 기뻐했다. 본격적인 전쟁 준비에 앞서 작전 회의에 들어갔다. 레오니다스는 아까 우리가 수정해 준 작전 지도를 펼치며 말했다.

　"말했다시피 우리는 수학에 약해서 전쟁에 필요한 물자나 자원을 분배하는 데 늘 어려움을 겪는다네. 우리의 힘과 용맹은 결코 몽골군들에게 뒤지지 않지만, 수학 실력이 부족하다 보니 기본적인 준비조차 제대로 하지 못하고 있어. 이래서는 도저히 머리 좋은 인간들을 상대로 싸워서 이길 수가 없겠더군."

　그랬다. 지난 싸움의 기록을 살펴보니 레오니다스의 말에 수긍이 갔다. 레오니다스와 늑대인간들은 인간보다 덩치도 크고 힘도 세지만, 수학을 못해 제대로 된 작전을 세우지 못했다. 필승 전략은커녕 이렇다 할 군사 작전도 없이 그저 돌격만 할 뿐이었다. 그 때문에 전쟁을 치를수록 점점 피해가 늘고 있었다. 아름이가 말했다.

"그럼 우선, 공격해 오는 적의 수와 우리 편의 수는 얼마나 되나요? 그건 가장 기본적으로 알아야 하는 거잖아요?"

"음. 그건 알고 있네. 먼 바다에 나갔던 정찰병이 갈매기를 통해 쪽지를 보내왔네. 몽골군이 125명씩 탄 배 75척이 이 섬을 향해 오고 있다고 했어. 우리는 25명 탈 수 있는 배가 12척 있다네. 그렇다면 병력의 규모는 비슷비슷하지 않은가?"

"아, 아뇨. 절대로 그렇지 않습니다."

"그, 그, 그런가? 난 잘 모르겠는데……."

"아니, 배에 탈 수 있는 사람 수도 적은 데다가 배의 수도 적은데 어떻게 그게 비슷하냐고요!"라고 버럭 큰소리라도 내고 싶었지만……. 그러기에는 레오니다스의 인상이 너무 강했다……. 나는 차분한 말투로 레오니다스에게 설명을 시작했다.

"흐음, 계산을 해 드리겠…… 아니, 그림을 그려서 설명 드릴게요."

그렇게 말하고 나는 세로식의 곱셈을 계산하기에 앞서 종이에 그림을 그려 설명했다.

"자, 이 그림을 보세요. 몽골군이 125명씩 탑승한 배가 75척, 늑대인간이 25명씩 탑승한 배가 12척 있지요?"

"오오, 이렇게 보니 잘 알겠군. 이걸 곱할 수 있단 말인가?"

레오니다스의 덩치가 커서 그런가 리액션이 극적이다.

"그럼요. 125 × 75와 25 × 12를 계산하면, 어느 쪽이 더 큰 수인지 알 수 있어요. 이건 세 자릿수와 두 자릿수, 두 자릿수와 두 자릿수끼리의 곱셈이에요. 세로식으로 계산해 보면 쉽게 알 수 있어요. 곱해지는 세 자리 수에 곱하는 두 자리 수의 일의 자리 수와 십의 자리 수를 각각 곱한 뒤 더하면 됩니다."

"음. 그럼 125 × 75는 125에 5를 곱하고, 다시 125에 70을 곱한 다음 두 정답을 더하면 되겠군."

"그렇죠! 자, 계산해 볼까요?"

나는 그림 아래에 곱셈의 계산을 척척 풀어 나갔다.

"먼저 125에 5를 곱하면 625, 125에 70을 곱하면 8750이 됩니다. 그럼 이제 625 + 8750을 하면 돼요. 백의 자리에 1을 받아 올려서 9375가 되지요."

$$
\begin{array}{r}
125 \\
\times\ 75 \\
\hline
625 \\
8750 \\
\hline
9375
\end{array}
$$

"어렵지 않은데? 늑대인간의 수는 내가 풀어 볼게."

"엇, 일원이 네가? 그래."

계산식을 빤히 보고 있던 일원이가 웬일로 수학 풀이에 적극적으로 나서서 잠깐 당황했지만 흔쾌히 바통을 넘겼다.

"늑대인간이 25명씩 탑승한 배가 12척이니까 25 × 12가 돼. 25에 2를 곱하면 50이고, 10을 곱하면 250이야. 250 + 50

$$
\begin{array}{r}
25 \\
\times\ 12 \\
\hline
50 \\
250 \\
\hline
300
\end{array}
$$

"우와, 일원이가 이렇게 쉽게 풀다니!"

"헤헤, 나도 하면 한다니까?"

정답을 말한 일원이에게 우리가 잘했다며 칭찬하고 있을 때 알셈이 말했다.

"이봐, 인간들! 좋아할 때가 아니야! 여길 봐. 몽골족은 9375 명, 늑대인간은 300명이라고! 이거야 원, 정말 역사 속의 레오 니다스처럼 죽게 생겼군."

"뭐? 그렇게 차이가 나? 으악!"

시니컬한 알셈의 말에 야무진의 비명이 이어졌다. 9375명과 300명의 싸움이라니……. 어마어마하게 불리한 싸움이다.

"레오니다스, 적의 수는 우리보다 30배 이상이에요. 정면 대 결로는 도저히 이길 수 없겠는데요?"

내가 걱정스럽게 말하자 레오니다스는 두 주먹을 불끈 쥐고 는 말했다.

"무슨 소리! 우리는 용맹한 늑대인간! 상대가 아무리 많아도 절대 물러서지 않는다! 무조건 정면 돌격이다!"

끝내주게 용감하지만 한심할 만큼 답답하군. 이번에도 내 생각을 그대로 전할 수는 없었다. 나는 다시 한 번 레오니다스에게 간곡히 말했다.

"어휴, 아무리 늑대인간이 강하다지만 혼자서 30명과 싸울 수는 없잖아요. 대책이 필요해요."

"잠깐만, 올림아. 레오니다스, 지금 우리가 가진 무기가 뭐가 있지요? 전에도 몇 번 싸운 적이 있다고 했잖아요?"

아름이가 나를 막아서며 레오니다스에게 질문했다. 레오니다스는 흥분을 가라앉히고 지도를 짚어 가며 말했다.

"음, 녀석들은 무인도의 이쪽에 배를 댄 뒤, 배에서 내려 우리 마을을 공격하곤 했다네. 몽골군들이 배에서 내리면 우리 쪽의 피해도 만만치 않기 때문에 배에서 내리기 전에 우리 쪽에서 먼저 화살을 쏘곤 했지."

레오니다스가 지도에서 가리킨 곳은 섬의 남쪽이었는데, 다행히도 미카엘의 유령선이 있는 북쪽과는 정반대 방향이었다. "아, 남쪽이요? 휴우, 다행이다."

만일 추락해서 아무 힘도 쓸 수 없는 미카엘 쪽으로 오면 어쩌나 걱정하던 참이었는데 그나마 다행이었다.

"그런데 사실 그 싸움에서 말일세……. '문제'가 많았네."

"그게 뭔데요?"

"우리 늑대인간은 창이나 칼, 몽둥이를 주로 쓰기 때문에 활을 쏘는 궁수는 몇 명 없네. 게다가 수차례 치른 전쟁으로 화살이 많이 부족한 상황이지. 한 사람당 몇 발의 화살을 똑같이 나눠 줘야 할지……. 참으로 골치 아픈 문제가 아닐 수 없었네."

어휴. 심각한 표정으로 '문제'를 토로해서 긴장한 채 귀를 기울였는데, '나누기를 못해서 군인들에게 화살을 몇 발씩 나눠 줘야 할지 모르겠다.'라니…….

"크흠, 남은 화살이 몇 발이고, 활을 쏘는 늑대인간이 몇 명인데요?"

"남은 화살은 전부 452발이고, 활을 쏠 줄 아는 궁수는 16명이라네."

"그럼 이번에도 그림을 그려서 설명해 드릴 테니 잘 보세요."

화살 452발   궁수 16명

"자, 452발의 화살을 16명의 늑대인간에게 나눠 줘야 하지요? 그러니까 이건 452 ÷ 16이 되는 거예요."

"오오! 그렇군. 이것도 세로식으로 나타낼 수 있는가?"

"물론이지요. 보세요. 몫이 두 자리인 수인 경우 왼쪽 두 자리 수부터 먼저 나누고 남은 나머지와 일의 자리 수를 내려서 다시 나누면 돼요. 45 안에 16은 두 번만 들어갈 수 있지요? 그러니까 몫의 십의 자리 수는 2가 되고 16 × 20 = 320이니 452에서 320을 빼면 132가 남아요. 132 안에 16은 여덟 번 들어갈 수 있으니 몫의 일의 자리 수는 8이 되죠. 이제 132에서 16 × 8 = 128을 빼면 나머지는 4가 돼요."

$$
\begin{array}{r}
28 \\
16\,\overline{)\,452} \\
320 \\
\hline
132 \\
128 \\
\hline
4
\end{array}
$$

레오니다스는 내 설명을 듣고 무릎을 탁 치며 감탄했다.

"오오! 대단하군! 몫은 28, 나머지가 4! 그럼 452발의 화살을 16명의 궁수들에게 28발씩 나눠주면 4발이 남게 되겠군!"

"그렇지요. 뭐, 나머지 4발은 제일 잘 쏘는 궁수에게 모두 주시든지, 아니면 아무나 4명에게 한 발씩 더 주셔도 되는……."

"레오니다스 님! 큰일 났습니다!"

갑자기 한 늑대인간이 헐레벌떡 막사 안으로 뛰어 들어오며 외쳤다.

"뭐야! 무슨 일인가?!"

"바다에 나갔던 정찰병이 급히 돌아오고 있습니다! 지금 북쪽에서 몽골인들의 배가 빠른 속도로 몰려오고 있다고 합니다! 약 30분 후에 섬에 닿을 것 같습니다!"

"뭐라!? 비상이다! 전원 전투 준비를 하라!"

이렇게 빨리 쳐들어오다니! 아직 제대로 된 작전은 시작도 못했는데! 아니, 그보다…….

"자, 잠깐만요! 북쪽에서 오고 있다고요?"

"음, 그렇다고 하네. 매번 오던 방향과는 반대 방향이군. 뭐 문제라도 있나?"

"그, 그곳에 저희 일행과 미카엘의 유령선이 있다고요! 지금은 크게 부서져서 아무 힘도 쓰지 못하는데……."

"그렇다면 큰일이로군. 자, 자네들도 어서 전투를 준비하게! 자네들을 우리 늑대인간의 전사로서 인정하겠네. 어서 우리와 같은 이 전투복을 입게. 자네들의 옷은 너무 눈에 띄어. 그렇게 알록달록해서야 금방 화살받이가 되고 말게야."

레오니다스는 자신이나 다른 늑대인간들처럼 '전투복'을 입으라며 우리에게 풀색의 넝마를 건넸다. 이게 전투복이라고? 나도 거부감이 들었는데 외모에 민감한 야무진은 오죽할까?

"이, 이건 아무리 봐도 걸레 같은데요. 모델 뺨치는 완벽한 저라도 이 패션은 소화하기가 좀……."

끄응. 역시 한마디 할 것 같았어. 하지만 피타고레 박사님은 벌써 옷을 훌러덩 벗으며 갈아입기 시작하셨다.

"레오니다스 말이 맞다. 이런 밀림에서 빨갛고 파란 옷은 적의 눈에 너무 잘 띄어. 어서 시키는 대로 갈아입거라."

"꺄악! 삼촌, 그렇다고 여기서 갈아입으시면 어떡해요!"

아름이는 자기 옷을 들고는 후다닥 암컷 늑대인간들의 숙소로 향했다. 으으, 할 수 없지. 목숨이 오락가락하는 와중에 아무 옷이나 입으면 어때!

"위아래가 좀 허전하긴 하다."

"난 시원하고 좋은데?"

우리가 모두 옷을 갈아입자 레오니다스는 늑대인간 전사가 첫 전투에 나가기 전에 행하는 의식이 있다며 무언가를 가져왔다. '수호신의 기름'이라 부르는 이상한 물감을 우리 얼굴에 발랐다. 처음엔 거부했지만 가만있으라고 레오니다스가 호통을 치는 바람에 어쩔 수 없었다. 아무튼 그렇게 하고 나니 정말로 전사……까지는 모르겠고, 군인이 된 기분이 들었다. 우리의 전투 준비가 끝나자 옷을 갈아입은 아름이가 막사로 들어왔다. 전투를 앞둔 긴박한 상황임에도 우리는 서로의 모습에 웃음이 빵 터졌다. 어느 정도 웃음 폭탄이 가라앉자 아름이가 눈을 빛내며 말했다.

"자, 들어 봐. 이 작전이라면 몽골군 9375명에 300명으로도 충분히 승산이 있어!"

"뭐? 그게 정말이야?!"

"그렇다면 어서 말해 보게! 이제 15분 정도밖에 남지 않았어! 자네가 시키는 대로 싸우겠네!"

레오니다스도 다급하게 말했다.

"물론이죠! 작전 설명은 5분이면 충분해요. 자, 지금부터 제가 하는 말을 잘 들으세요."

아름이는 그렇게 말하더니 비장한 표정으로 뚜벅뚜벅 걸어가 작전 지도 앞에 섰다. 우리는 모두 귀를 활짝 열고 아름이가 말을 하길 기다렸다.

여러분, 본문 속에 녹아 있는
큰 수와 세 자릿수의 곱셈과 나눗셈에 대해
더욱 자세히 알아볼까요?

1 큰 수에 대해 알아봅시다.

일, 십, 백, 천, 만…… 이보다 더 큰 수들은 어떻게 셀 수 있을까요? 45,613,705,892라는 숫자를 봅시다. 수가 너무 커서 헷갈리지요? 일의 자리부터 천천히 세어 봅시다.

일의 자리부터 일, 십, 백, 천, 만, 십만, 백만, 천만, 억, 십억, 백억, 천억 단위로 수를 셀 수 있어요. 그 위로도 조, 경, 해, 자, 양, 구 등 어마어마한 숫자 단위가 있지만 잘 쓰이지는 않아요.

45,613,705,892를 일의 자리부터 말해 보자면 이, 구십, 팔백, 오천, 칠십만, 삼백만, 천만, 육억, 오십억, 사백억이 되겠네요. 이것을 앞에서부터 읽으면 사백오십육억 천삼백칠십만 오천팔백구십이라고 읽을 수 있습니다.

2 태양과 다른 행성 사이의 거리를 읽어 봅시다.

우리가 살고 있는 태양계에는 지구, 태양, 달 말고도 수많은 행성이 있어요.
태양을 기준으로 몇몇 행성이 얼마나 떨어져 있는지 알아볼까요?

화성과 태양 사이의 거리 : 약 230000000km (이억 삼천만 킬로미터)

지구와 태양 사이의 거리 : 약 149600000km (일억 사천구백육십만 킬로미터)

금성과 태양 사이의 거리 : 약 110000000km (일억 천만 킬로미터)

수성과 태양 사이의 거리 : 약 58060000km (오천팔백육만 킬로미터)

목성과 태양 사이의 거리 : 약 780000000km (칠억 팔천만 킬로미터)

토성과 태양 사이의 거리 : 약 1430000000km (십사억 삼천만 킬로미터)

천왕성과 태양 사이의 거리 : 약 2870000000km (이십팔억 칠천만 킬로미터)

해왕성과 태양 사이의 거리 : 약 4500000000km (사십오억 킬로미터)

어때요? 0이 많아서 조금 헷갈리긴 하지만 어렵지 않지요? 이 중에서 태양과
가장 가까운 행성과 가장 먼 행성이 무엇인지도 찾아보세요.

3 세 자릿수와 두 자릿수의 곱셈, 네 자릿수와 두 자릿수의 곱셈을 해 봅시다.

$$
\begin{array}{r}
876 \\
\times\ 21 \\
\hline
876 \\
1752 \\
\hline
18396
\end{array}
$$

876 × 1 = 876이고 876 × 20 = 17520입니다.

두 결과를 더하면 876 × 21 = 17520 + 876 = 18396입니다.

$$
\begin{array}{r}
1613 \\
\times\ 23 \\
\hline
4839 \\
3226 \\
\hline
37099
\end{array}
$$

$1613 \times 3 = 4839$이고 $1613 \times 20 = 32260$입니다.

두 결과를 더하면 $1613 \times 23 = 32260 + 4839 = 37099$입니다.

4 세 자릿수 나누기 두 자릿수의 나눗셈을 해 봅시다.

$281 \div 12$를 계산해 볼까요? 다음과 같이 세로셈을 하는 것이 편합니다.

$$
\begin{array}{r}
23 \\
12\overline{\smash{)}281} \\
24 \\
\hline
41 \\
36 \\
\hline
5
\end{array}
$$

$281 \div 12$는 몫이 23이고 나머지가 5입니다. 이 계산이 맞는지 검산해 보세요. 검산식은 $12 \times 23 + 5$가 281인지 확인하면 됩니다. 검산해 보면 $12 \times 23 + 5 = 281$ 이므로 나눗셈이 올바르다는 것을 알 수 있습니다.

"이야~ 오랜만에 산책을 나오니 좋구나. 껄껄껄."

피타고레 박사는 호숫가 벤치에 앉아 콧노래를 흥얼거리며 주말 여유를 만끽했다. 그때 거친 숨소리와 함께 피타고레 박사 근처로 누군가가 다가왔다. 일원이었다.

"헉헉, 피, 피타고레 박사님? 헉헉, 여긴 웬일이세요?"

"엥? 일원이 너야말로 여긴 웬일이냐? 나야 산책 나왔지."

"헉헉, 그러셨구나. 전 다음 달에 열리는 어린이 마라톤 대회 연습 중이에요."

"어린이 마라톤 대회? 호오, 의외구나. 네가 이렇게 열심히 운동을 하다니."

일원이는 박사 옆자리에 털썩 주저앉으며 말했다.

"저도 나름대로 운동 열심히 하거든요! 무, 물론 운동하는 만큼, 아니 더 먹어서 문제이긴 하지만……."

"흐음. 그나저나 어린이 마라톤 대회는 완주해야 하는 거리가 얼마나 되는 거니?"

"아! 마라톤 공식 거리가 42.195km라면서요? 어린이 마라톤 대회는 초등학생이 참가하는 거라서 그보다 10배 정도 짧은 4.2km예요."

"오호! 그렇다면 4200m가 되는 거구나. 흠, 그 정도 거리라면 초등학생도 할 수는 있겠구나. 그런데 일원이 네가 정말 할 수 있을지 의심되는걸."

피타고레 박사는 숨 쉴 때마다 출렁이는 일원이의 뱃살을 보며 인상을 찌푸렸다. 그 시선을 느낀 일원이가 발끈하며 말했다.

"무슨 말씀이세요! 저 이래 보여도 드디어 오늘! 이 넓은 호수를 반 바퀴나 완주했다고요!"

"이 호수의 반 바퀴를 뛰었다고? 그렇다면 이 호수 둘레의 절반만큼은 뛸 수 있다는 거구나."

"네, 뭐…… 그렇죠. 하지만 보세요. 이 호수, 엄~청 넓잖아요. 그까짓 4200m쯤이야 이 호수 둘레만 하겠어요?"

그 말에 피타고레 박사는 한참 동안 호수를 빙 둘러보더니 말했다.

"으음, 글쎄다. 눈대중으로 보기에 이 호수 둘레는 4200m씩이나 되어 보이지는 않는데……. 혹시 이 호수의 둘레를 알고 있니?"

"아니요. 저도 정확히는 모르겠어요. 만들어진 지가 너무 오래 돼서요. 어! 저기 호수 안내판이 있는데요?"

피타고레 박사와 일원이는 호수 둘레를 포함한 여러 정보가 적힌 안내판으로 향했다. 그런데 안내판 여기저기가 녹슬어 훼손되어 있는 게 아닌가! 다른 정보들은 간신히 알아볼 수 있었는데, 정작 알고 싶은 호수 둘레는 녹이 슬어 전혀 알아볼 수 없었다.

"맨 위의 글 조금 말고는 전혀 못 알아보겠는데요?"

"흠, 어디 보자. 이 호수는 정확히 12m마다 향기로운 벚꽃나무가 총 234그루 심어져 있습니다. 호수의 총 둘레는…… 여기까지만 알아볼 수 있구나."

"그렇죠? 하지만 이렇게 큰 호수를 제가 반이나 뛰었으니, 내일모레 있을 어린이 마라톤 대회의 4200m쯤이야 식은 죽 먹기예요!"

그러자 피타고레 박사는 한숨을 푹 쉬며 말했다.

"으으음, 내일모레라면 연습할 시간도 얼마 없겠구나. 일원아, 아직 너에게 4200m 완주는 무리일 것 같다. 네가 뛴 거리는 그 반절도 되지 않아."

그러자 일원이는 잔뜩 실망한 표정으로 답했다.

"네에?! 말도 안 돼! 박사님이 그걸 어떻게 아세요?"

"그야 이 호수의 둘레를 알아냈기 때문이지. 참고로 말하자면, 이 호수를 한 바퀴 완주한다고 해도 4200m를 뛰기에는 무리…… 아앗! 일원이 너! 그건 내 음료수야!"

"박사님, 잘 마실게요!"

일원이는 박사가 호수의 둘레를 알아냈다고 하자마자 금세 운동을 포기하고 박사가 먹던 음료수와 과자를 몽땅 입에 털어 넣기 시작했다. 과연 피타고레 박사는 어떻게 호수의 둘레를 알아낼 수 있었을까?

호수의 안내판에 적힌 나무의 수를 헤아리면 된다. 호수에는 일정한 간격 (12m)으로 나무가 심어져 있으므로 '나무의 개수'에 '간격'을 곱하면 호수 둘레 를 알 수 있다.

호수 둘레 = 234 × 12 = 2808(m)이다. 또 일원이는 이 호수의 절반 정도를 뛰 었으니 약 1400m를 뛴 것이다. 즉 일원이는 4200m의 절반도 되지 않은 거리를 뛰고 완주할 수 있다고 생각한 셈이다.

수학왕 반올림과 함께 배워요!

- 각도
- 삼각형

대전쟁의 시작

정완상 선생님의 **수학 교실**

3장

펼쳐라,
학익진!

약 5분간 아름이가 설명한 작전은 기막히게 훌륭했다. 너무나 완벽해서 누구 하나 반대하는 사람이 없었다. 작전 설명을 끝낸 아름이가 멋지게 외쳤다.

"자, 다들 알아들으셨죠? 그럼 이제 각자 위치로!"

"굉장해, 아름아. 너한테 이런 면이 있을 줄이야……."

내가 아름이를 감탄 섞인 눈빛으로 쳐다보자 피타고레 박사님이 말씀하셨다.

"후후. 실은 아름이의 아버지, 그러니까 우리 형님의 직업은 군인이란다. 아름이의 할아버지와 할아버지의 할아버지도 장군이셨지."

"우왓? 정말요?"

다른 친구들도 처음 듣는 이야기인지 눈이 휘둥그레졌다. 아름이가 머쓱하게 대답했다.

"으응. 그래서 어렸을 때부터 아빠에게 전쟁 이야기나 위대

72

한 장군들의 이야기를 자주 들었어. 그때는 재미없고 지루하다고만 생각했는데 이렇게 도움이 될 줄은 몰랐어."

"정말 훌륭한 작전이네! 대한민국에 이렇게 훌륭한 전사가 있었다니!"

작전 설명을 듣는 내내 감탄하던 레오니다스가 감격한 얼굴로 말했다. 저기요, 그런데 전사가 아니라 장군님이거든요? 어쨌든 아름이의 작전은 이순신 장군님이 과거에 불리한 숫자로도 대군을 무찔렀던 그 역사적인 작전을 응용한 것이었다.

"좋아, 이제 곧 섬의 북쪽 부근으로 몽골군의 배가 들어올 거야. 모두들 준비됐지?"

"물론이지! 출발하자!"

한껏 사기가 오른 우리는 그렇게 레오니다스와 용맹한 늑대인간 전사들과 함께 섬의 북쪽으로 향했다. 그곳에는 레오니다스가 미리 가져다 놓은 늑대인간들의 배가 있었다. 레오니다스 말대로 배는 열두 척뿐이었다. 우리는 레오니다스가 탄 배에 함께 타기로 했다. 북쪽 해안가에 있던 미카엘과 숫자벨 여사 그리고 유령선에 타고 있던 몬스터들이 우리를 응원해 주었다.

"나는 지금 아무 힘도 쓸 수 없어. 저들이 이곳으로 쳐들어오

면 속수무책으로 당할 수밖에 없다. 힘을 보태 주지 못해 미안
하구나. 용감히 싸우고, 절대 지지 말거라."

"우리는 여러분을 믿어요. 하지만 꼭 조심하셔야 합니다!"

"인간들!! 화이팅!!"

"걱정 마세요! 승리 소식을 가지고 오겠습니다!"

우리는 위풍당당하게 레오니다스와 함께 배에 올라탔고, 나
머지 늑대인간들도 남은 열한 척의 배에 각각 올랐다. 배에 오
르자 멀리서 다가오는 칭기즈 칸의 배들이 한눈에 들어왔다.
알셈이 망원경 렌즈를 쭉 뽑더니 말했다.

"72, 73, 74, 75…… 정말이군. 정확하게 일흔다섯 척의 배
가 오고 있어."

그러자 우리 일행의 맨 뒤에 서 있던 야무진이 덜덜 떨며 말
했다.

"으윽, 애들아, 정말 이건 아닌 것 같아. 왜 우리가 이 싸움에
함께해야 하는 거야?"

"어휴! 그만 좀 징징거려, 야무진. 아까도 몇 번이나 말했잖
아. 넌 집에 돌아가고 싶지 않은 거야?"

"그, 그래도 다른 방법도 있지 않을까? 신사답게 대화로 해

결한다든가……."

휘이익! 첨벙!

"꿱!"

야무진이 얼토당토않은 대안을 제시하고 있을 때 화살이 날아와 우리 배 조금 앞 바다로 빠졌다. 타이밍이 절묘해서 그건 마치 야무진에게 꿈도 꾸지 말라고 대답해 주는 것 같았다. 레오니다스가 말했다.

"으음! 적의 화살 사정거리에 들어온 모양일세."

"좋아요. 일단 1단계 작전! 다들 적당히 싸우는 척하다가 도망치세요."

아름이의 지시에 따라 늑대인간들의 배 서너 척이 섬 북쪽 바다에서 화살을 쏘며 대응했고, 어마어마한 규모의 적들이 그 배들 쪽으로 향했다. 우리가 탄 배를 포함해 나머지 배들은 앞에서 화살을 쏘는 서너 척의 배와는 조금 거리를 두고 뒤에 떨어져 있었다. 아주 잠시 동안 화살만 주고받은 상태라 아직 아군의 피해는 없었다. 아름이가 말했다.

"레오니다스, 지금이에요! 목소리 크게 잘하셔야 해요!"

"걱정 말게! 내 목소리는 이 섬 전체에 울릴 만큼 쩌렁쩌렁하다네."

그리곤 레오니다스는 아름이의 지시대로 크고 우렁찬 목소리로 외쳤다.

"전~군~! 퇴각하라~! 도저히 이길 수 없다! 모두! 도~망~쳐~라!"

마치 확성기라도 사용한 게 아닐까 싶을 만큼 우렁찬 목소리가 바다에 울려 퍼졌다. 그 소리에 맞춰 선두의 배 서너 척에 탄 늑대인간들도 겁먹은 목소리로 외쳤다.

"으아악! 늑대인간 살려!"

"역시 인간에게 이길 수가 없어! 도~망~쳐!"

그리고 뱃머리를 돌려 말 그대로 꽁지에 불붙은 것처럼 도망치기 시작했다. 몽골인들이 그 모습을 보고 비웃는 소리가 들렸다.

"크하하하! 몬스터들이 도망친다! 이런 겁쟁이 같은 녀석들!"

"쫓아라! 단 한 놈도 살려 두지 마라!"

예상대로 늑대인간들의 연기에 깜빡 속아 넘어간 칭기즈 칸의 군대는 도망가는 늑대인간들의 배를 쫓았다.

"좋아! 일단 성공이에요. 자, 이제 여기까지 가야 해요. 올림

아, 여기 맞지?"

아름이는 작전 지도를 펼쳐 보이며 나에게 물었다. 이 섬의 11시 방향에는 돌로 된 조그마한 섬이 하나 있었는데, 그 사이로 들어가는 것이 이 작전의 핵심이었다.

"맞아. 이 작은 돌섬과 큰 섬이 가장 가깝게 맞닿아 있는 부분! 여기가 작전의 핵심 지역인 예각 지역이야. 레오니다스 말로는 약 45도라고 했어."

"그렇다네. 그런데 대체 예각이라는 게 뭔가?"

"45도를 다른 말로 예각이라고 하는 것 아닐까요?"

일원이의 말에 한숨이 절로 나왔다.

"으이그! 잘 들어. 수학 시간에 배운 각도에 대해서는 알고 있지? 수학에서 90도를 뭐라고 했는지 기억나?"

"응! 직각이잖아!"

"그건 잘 알고 있네. 그 90도를 기준으로 말하자면, 90도보다 작은 각은 예각, 90도보다 큰 각은 둔각이라고 해."

"아하! 그러니까 45도는 90도보다 작은 각도라서 예각이라고 하는구나?"

"그렇지. 자, 어서 우리도 저 예각 지역까지 도망치자."

우리는 도망치는 늑대인간들의 배를 쫓아 함께 예각 지역으로 도망쳤다.

작은 돌섬과 큰 섬 사이의 협곡은 갈수록 점점 비좁아졌지만 우리가 가진 배는 25명만 탈 수 있는 작은 배인 데다가 12척뿐이어서 크게 문제될 것이 없었다.

"아냐 아냐. 이거였나?"

아까부터 레오니다스는 배 바닥에 나뭇가지로 직선을 직직 그어가며 뭔가를 고민하고 있었다.

"레오니다스, 왜 그래요?"

"으음? 아, 그, 그게 말일세. 아까 말한 예각, 직각, 둔각 말이야. 아무래도 난 잘 이해가 안 돼서……."

"예엣? 그걸 아직까지 생각하고 있었단 말이에요?"

레오니다스는 혼자만 이해하지 못한 게 창피했는지 차마 다시 물어보진 못하고 홀로 끙끙대고 있었던 것이다. 흐음, 어떻게 더 쉽게 설명해 줘야 하지?

"하하, 제가 그림으로 쉽게 설명해 드리지요."

그렇게 말하며 레오니다스에게 다가간 사람은 피타고레 박사님이셨다.

"레오니다스 님, 시계는 볼 줄 아시지요?"

"물론이지! 비록 인간의 문명이긴 하지만 꽤 편리하고 정확해서 우리도 시계를 사용하고 있다네."

"그럼 이 그림을 잘 보세요. 무진아, 네 스마트폰 좀 빌리자꾸나."

피타고레 박사님은 야무진에게 스마트폰을 빌려 시계 그림을 띄우시고는 설명해 주셨다.

"자, 만일 시계가 3시를 가리키면 시침과 분침이 이루는 각

은 90도가 되지요? 이것이 직각입니다. 2시를 가리키면 시침과 분침이 이루는 각은 90도보다 작지요? 이 각을 예각이라고 합니다. 4시를 가리키면 시침과 분침이 이루는 각은 90도보다 크지요? 이 각을 둔각이라고 합니다."

"오오오, 이제 알겠네! 머릿속에 쏙쏙 들어오는군!"

레오니다스가 크게 기뻐하며 말했다. 피타고레 박사님께서 괜히 수학 박사가 아니시구나. 시침과 분침에 각도가 있다니! 앗! 그렇게 수학 공부를 하는 사이 드디어 예각 지역에 늑대인간들의 배가 모두 들어왔다.

"도착했어요, 레오니다스! 이제 2단계 작전 돌입입니다!"

"알았네! 전사들이여! 모두 내 말에 집중하라!"

순식간에 전사들을 주목시킨 레오니다스가 우렁하게 외쳤다.

"이제 우리는 여기서 진형을 학익진으로 바꾼다! 배들은 각자의 자리로 이동해 진형을 만들라!"

드디어 본때를 보여 줄 때가 왔군! 2단계는 이번 작전의 핵심인 '학익진'이다.

"그런데 아름아, 작전 설명을 듣긴 했지만 잘 모르겠어. 학익진이라는 게 뭐야?"

"응? 일원이 너 그 유명한 한산도 대첩도 몰라?"

"한산도 대첩?"

음, 나도 역사 시간에 들어본 것 같긴 하지만 자세히는 몰랐다. 아름이가 친절하게 설명해 줬다.

"그래. 1592년 7월 8일, 한산도 앞바다에서 이순신 장군님이

지휘하신 조선 수군이 일본 수군을 크게 대파한 전투 말이야. 지금처럼 아군보다 훨씬 많은 수의 적을 상대로 치른 전투였는데 수적 열세에도 불구하고 크게 승리했어. 그때 이순신 장군님께서 펼친 전술이 학익진이야. 마치 학이 날개를 펼친 것 같은 진형이라고 해서 '학익진'이라고 이름 붙여졌어. 진주 대첩, 행주 대첩과 함께 임진왜란의 3대 대첩으로 불린다고!"

"우와, 아름이 굉장하다!"

"음! 대한민국의 조선시대에 그런 뛰어난 위인이 있었다는 이야기를 아름 양에게 들었을 때 감탄을 금치 못했네. 정말 현명하고 대범한 장수가 아닌가! 나도 그를 본받아 이 전투에서 승리하겠네!"

레오니다스는 이순신 장군님의 전술에 큰 감명을 받은 것 같았다. 이어서 이런 말도 했다.

"전군! 죽을 각오로 싸운다! 죽기로 싸우면 반드시 살 것이고, 살려고 비겁하면 반드시 죽을 것이다!"

"오잉? 저 말은······."

내가 어디서 들어본 말인 것 같아 고개를 갸웃거리자 아름이가 말했다.

"저건 명량해전에서 이순신 장군님께서 병사들에게 하신 말씀이야. 필사즉생필생즉사(必死則生必生則死) 말 그대로 '죽고자 하면 살 것이고, 살고자 하면 죽을 것이다.'라는 뜻이지. 당시 수적 열세였던 병사들의 사기를 올리기 위해 하신 유명한 말씀이야."

그러고 보니 이순신 장군님을 대상으로 만들어진 영화나 드라마에서 자주 들었던 것 같다. 야무진도 스마트폰의 백과사전을 뒤져 보더니 말했다.

"우와, 이 명량해전이라는 전투는 정말 대단한데? 이순신 장군님은 고작 12척의 배로 무려 133척의 일본 배와 싸워서 31척을 격파하고 나머지는 모두 퇴각시켰는데, 아군 배의 피해는 단 한 척도 없었대. 이건 전 세계를 통틀어 유래가 없는 가장 완벽한 해상 전투라고 한대."

와우! 정말 굉장하잖아?! 앗, 그러고 보니 지금 우리에게도 딱 열두 척의 배가 있다. 이순신 장군님! 저희를 지켜주세요!

"레오니다스가 이순신 장군님의 말까지 인용하며 군을 독려하다니……. 이순신 장군님의 작전에 엄청 감동했나 본데?"

알셈 말대로 레오니다스는 비록 늑대인간이었지만 이순신

장군님처럼 용맹했다. 그의 지휘 아래 늑대인간들의 배는 일사
분란하게 움직였고, 학의 날개 모양으로 진형을 펼쳤다. 그 좁
은 협곡 사이로 거대한 칭기즈 칸의 배들은 다닥다닥 붙어 두
세 척씩 들어올 수밖에 없었다.

　"성공이다! 이제 수적 열세는 없는 거나 마찬가지다! 각자의
진형을 유지하면서 공격하라!"

　"우와아아아아!"

　레오니다스의 지휘에 도망치는 척하며 학익진을 만들어 놓
았던 늑대인간들의 배에 나눠 탄 궁수들이 학익진 가운데에 끼
인 몽골군들의 배를 향해 일제히 화살을 퍼부었다.

작전은 대 성공이었다. 후퇴하는 늑대인간의 배를 빠르게 쫓아온 칭기즈 칸의 배들은 좁은 협곡에 들어오자 앞에서부터 차례로 침몰해 나가기 시작했다.

"공격! 공격하라!"

레오니다스는 큰 소리로 외치며 옆에 있던 창을 들어 맨 앞에 나온 칭기즈 칸의 배를 향해 던졌다. 우리도 배 안의 늑대인간들에게 화살이나 창 등을 부지런히 날라주며 전투에 힘을 보탰다. 칭기즈 칸의 배들은 제대로 공격 한 번 해보지 못했다. 선두에 있던 몽골군의 배가 집중 공격을 받아 침몰했다. 그 모습을 보고 사기가 오른 늑대인간들은 더욱 매섭게 공격을 퍼부었다. 승기를 놓치지 않고 그렇게 10분 정도 몽골군을 몰아쳤다. 그 짧은 사이에 수십 척의 몽골군 배가 침몰했다. 물론 우리 쪽은 단 한 척의 피해도 입지 않았다.

"이, 이건 대체 무슨 진형이란 말인가? 아, 안 되겠다! 후퇴! 후퇴하라! 으아악!"

몽골 장군 한 명이 후퇴를 명령했고, 그 말을 마지막으로 자신도 화살에 맞아 쓰러졌다. 퇴각 명령에 칭기즈 칸의 배들은 뱃머리를 돌려 퇴각하려 했지만, 배가 너무 커서 자기들끼리 부딪히며 휘청거리느라 좁은 협곡을 쉽사리 빠져나가지 못했다.

"적이 도망친다! 쫓아라!"

"앗, 안돼요! 레오니다스!"

"으, 으응?"

적을 쫓으려는 레오니다스를 아름이가
말렸다.

"이 협곡을 벗
어나면 다시 넓
은 곳에서 싸워

야 해요. 아직까지 숫자는 우리가 불리하니, 가까운 곳에 있는
배들만 침몰시키고 다시 섬으로 돌아가요.”

　“으음! 알겠네. 전군! 바로 앞에 보이는 두 척만
침몰시킨 뒤에 섬으로 돌아간다!”

　“우와아아아─!”

사기가 잔뜩 오른 늑대인간들이었지만 레오니다스의 지시를 어기는 자는 아무도 없었다. 우리는 코앞에 보이는 두 척의 배만 마저 침몰시킨 뒤, 협곡 뒤쪽의 가장 좁은 곳을 통해 다시 섬으로 향했다. 돌아가는 배에서 알셈이 렌즈로 몽골군 진영을 살펴보며 말했다.

"33, 34…… 35! 35척밖에 남지 않았어. 총 75척이었으니까 40척이나 격파했군!"

"작전 대성공이야!"

"크핫핫핫! 역시 자네들은 대단하구만! 고맙네! 아름 양, 정말 고마워!"

"이얏호!"

우리는 머쓱해하는 아름이를 치켜세우며 승리의 기쁨을 만끽했다. 하지만 기쁨도 잠시, 육지에 상륙하자마자 한 늑대인간이 달려와 레오니다스에게 보고했다.

"레오니다스 님! 저길 좀 보십시오! 적군의 배들이 섬의 서쪽으로 빙 돌아서 오고 있습니다! 서쪽에 배를 대고 마을을 습격할 것 같습니다!"

이런! 정말 늑대인간 정찰병의 말대로 작은 돌섬을 지나 마을을 향해 다가오는 칭기즈 칸의 배들이 보였다. 사실 우리가 준비한 작전은 해전을 대비한 작전뿐이었다. 이제 어쩌지?

"이제 할 수 없군! 전원 이곳에서 전투 준비를 하라! 마을은 반드시 지켜 내야 한다!"

"안 돼요!"

아름이가 지시하려는 레오니다스를 만류하며 외쳤다.

"안 된다니? 우리 마을엔 연약한 여자들과 힘없는 아이들도 있네! 마을을 습격하게 두라는 말인가!"

"그게 아니에요. 혹시나 이런 상황이 올까 봐 준비해 두긴 했지만⋯⋯. 이제 3단계 작전이에요! 모두 따라오세요!"

아름이는 그렇게 외치며 마을을 향해 뛰었다. 우리도 아름이를 따라 뛰었다. 과연 아름이가 준비한 3단계 작전은 무엇일까?

4장
특공 대원 반올림

다시 모인 레오니다스의 막사에서 우리는 아름이의 작전 설명에 또다시 귀 기울였다. 아름이의 설명이 끝나자 이번에도 레오니다스는 감격을 금치 못하는 듯했다.

"정말 기가 막히는군. 완벽한 작전이야."

"아름아, 넌 대체 어떻게 이런 걸 생각한 거야?"

"맞아. 아름이야말로 전생에 제갈량 같은 전략가가 아니었을까?"

나와 일원이가 감탄하며 아름이에게 묻자 피타고레 박사님이 말씀하셨다.

"하하하. 역시 피는 못 속이는 법이구나."

"근데 아름아, 너는 왜 지금까지 그 대단한 사실을 비밀로 한 거야?"

아름이는 별 거 아니라는 듯 말했다.

"아니 뭐, 딱히 비밀로 한 건 아냐. 너희가 물어본 적도 없잖아? 아빠와 할아버지가 자랑스러운 건 사실이지만……. 누가 묻지도 않았는데 혼자 떠벌리고 다니면 괜히 잘난 척하는 것 같잖아."

"그, 그런가?"

괜히 뜨끔해하는 야무진이었다. 야무진이라면 물어보는 사람이 없어도 혼자 떠들며 잘난 척하는 데는 선수지. 아무튼 아름이에게 이런 면이 있다니 의외였다.

"그리고 이건 딱히 내가 군인 집안의 아이라서 세운 작전이 아니야. 이순신 장군님이나 을지문덕 장군님처럼 역사 속의 훌륭한 장군님들의 작전을 응용하는 것뿐이랄까?"

"아무튼 정말 놀랐네. 대한민국에 이렇게 훌륭한 전사들이 있었다니! 그럼 자네 작전대로 나는 최정예 늑대인간 몇 명을 뽑아 특공대를 구성하고 이곳에 남겠네."

아름이의 작전에 따라 레오니다스를 포함한 늑대인간 몇 명은 이곳에 남아 칭기즈 칸의 군에 맞서 싸우는 시늉을 해야 했다. 시늉이라고는 하지만 혈전이 될 게 분명하다.

"이 작전은 특공대의 역할이 무엇보다 중요해요. 잘해 주실 수 있죠?"

"물론일세. 우리 늑대인간들은 태어날 때는 늑대의 모습이지만 1년이 지나 보름달을 보게 되면 두 발로 설 수 있게 된다네.

그때부터 칼과 창을 손에 들고 싸우는 법을 가르치지. 몽골군
들이 무시무시하다지만, 우리도 절대 호락호락한 상대는 아닐
세."

"그것참. 늑대인간들의 교육 방침은 스파르타의 교육 방침과
비슷하군요."

피타고레 박사님이 혀를 내두르며 말씀하셨다. 과거 스파르
타의 남자아이들은 아주 어린 시절부터 전사로서의 훈련을 받
았다고 한다. 레오니다스도 용맹한 전사 양성을 위해 남자아이
가 두 발로 설 수 있을 때부터 무기를 손에 쥐어 주는 것이다.

"그럼 자네들은 어서 마을 주민들을 데리고 대피하도록 하
게."

"잠깐만요, 레오니다스. 저도 여기에 특공대로 남겠어요."

"뭐라고?!"

"뭐?! 올림아!"

내 말에 레오니다스는 물론 친구들 모두가 깜짝 놀랐다.

"올림아, 잊었어? 지금 우리는 마법 아이템을 사용할 수 없
단 말이야."

"알고 있어. 하지만 미카엘 말로는 단 한 번 퀘스트를 통해

아이템을 사용할 수 있다고 말했어. 정말 위기의 순간이 오게 되면 내 아이템이 필요할 거야."

"아무리 그래도……. 이건 너무 위험해!"

아름이가 내 두 손을 꽉 잡으며 말렸고, 레오니다스도 나를 말렸다.

"자네 친구들 말이 맞네. 상대는 창칼을 들고 달려드는 전문 훈련을 받은 군인들이야. 우리 같은 전투 능력을 갖춘 늑대인 간들에게도 결코 쉬운 상대가 아니란 말일세. 자네에게 여긴 너무 위험해."

레오니다스가 진심으로 나를 걱정해서 하는 말인 건 알고 있지만…….

"알아요. 저도 무모하게 앞에 나서서 그 군인들과 싸우려는 건 아니에요. 하지만 위기의 순간에 제가 가진 이 아이템이 저는 물론, 여러분을 구해 줄 겁니다. 레오니다스를 못 믿는 건 아니지만, 만에 하나 특공대가 잘못되면 대피한 마을 사람들 모두는 어떻게 되겠어요? 저보고 똑똑하다고 하셨죠? 싸움은 못하지만 분명 제 똑똑한 머리가 도움이 될 순간이 올 거예요."

내 집요한 설득에 레오니다스는 할 수 없이 승낙했지만 아름이와 다른 친구들은 나 혼자 남는 걸 여전히 반대했다. 그때 멀리 해안가로부터 함성이 들렸다. 그와 동시에 다급하게 막사 안으로 들어온 한 늑대인간이 보고했다.

"레오니다스 님! 적들이 해안가에 배를 대고 내리고 있습니다! 이제 10분 뒤면 이 마을까지 도착할 겁니다!"

"음! 시간이 없군! 자, 나머지 인원들은 어서 대피하게! 여긴 특공대만 남는다!"

"들었지, 애들아. 어서 가! 빨리!"

"안 돼! 안 돼, 올림아! 같이 가자! 여기 있으면 안 돼!"

"내 걱정 말고 빨리 가라니까! 여자들과 어린이들을 보호하는 것도 중요한 임무야!"

눈물을 글썽이며 끝까지 나를 붙잡으려 하는 아름이를 다른 늑대인간들이 끌다시피 하며 데리고 갔다.

"올림아! 조심해야 한다!"

"꼴뚜기, 괜히 전사 흉내 내지 말고 위험할 것 같으면 언제든 도망치라고."

"반올림! 혼자 싸우다 죽어도 하나도 안 멋있는 거 알지? 절대 죽지 마!"

"기다릴게, 올림아! 꼭 와야 돼!"

피타고레 박사님과 알셈, 야무진과 일원이도 모두 나의 무사 기원을 빌며 마을을 떠났다. 나라고 두렵지 않은 건 아니다. 그렇지만 이건 내가 꼭 해야만 하는 일이었다. 단 한 번의 아이템 사용 기회에 가장 강력한 마법을 구현하는 내 아이템을 쓰는 게 맞다. 친구들을 포함한 여자들과 어린 늑대인간들은 모두 섬의 깊은 숲속으로 대피했다. 이제 마을에는 나와 레오니다스를 포함한 최정예 늑대인간들 십여 명만 남았다.

나는 재빨리 주위를 둘러보며 마을 이곳저곳을 살폈다. 초등학생인 내가 어른인 몽골군을 상대로 싸우기에는 체력적으로 불리하니 대신 머리를 굴려 지형지물을 이용하기로 했다. 레오니다스와 최정예 늑대인간들과 함께 마을 여기저기를 다니며 나는 작전을 지시했다.

"그러니까 여기로 적이 오면 이걸 사용하고요, 만일 이쪽에서 적이 오면 저걸 이용해서……."

아름이만큼은 아니었지만 나는 나름대로 도구와 지형을 활용해 적은 수로 많은 수의 적을 쓰러뜨리기 위한 준비를 했다. 늑대인간들은 누구 하나 내 작전에 이의를 제기하지 않았고 모두 귀 기울여 들었다.

사실 내가 특공대에 자원한 것도 이 때문이었다. '학익진 작전'처럼 이번에도 수적으로 불리한 우리가 승리하기 위해서는 전략가가 필요하다. 단순할 정도로 용감무쌍한 늑대인간들만 두었다가는 무작정 적을 향해 끝까지 돌격할 것 같았다. 아름이가 앞선 전투를 승리로 이끈 것처럼 이번에는 내가 특공대 쪽에 남아 이들을 설득하고 우리의 작전에 따라 움직이게 해야 했다. 짧은 시간 동안 내 작전 설명이 모두 끝나자, 저 멀리서 굉장한 함성을 내지르며 달려오는 칭기즈 칸의 군대가 보였다. 우리는 모두 침을 꿀꺽 삼켰다.

'드디어!'

비장한 각오로 마을 입구에 서서 그들을 노려보고 있을 때 레오니다스가 말했다.

"후회하지 않을 자신 있나? 이 전투, 목숨을 걸어야 할 걸 세."

"물론입니다. 이건 우리의 싸움이기도 하니까요."

"인간들이 모두 자네처럼 정의롭고 용감했다면 이런 싸움을 할 일도 없었을 것을……."

레오니다스는 씩 웃으며 나에게 말했다. 옆에 선 최정예 늑대인간들도 말했다.

"반올림이라고 했나? 솔직히 나도 도망치고 싶을 정도인데, 넌 정말 용감한 인간이군."

"과연 레오니다스 님께서 선택한 전사답구나. 너야말로 진정한 전사다!"

"넌 우리가 끝까지 지켜 주겠다. 절대로 죽지 말거라."

"만일 내가 잘못되면, 우리 막둥이에게 아빠는 용감했다고 전해 줘."

어흑, 뭔가 전쟁 영화에서나 보았던 말들이었다. 울컥해지며 눈시울이 뜨거워졌지만…… 나, 반올림! 절대 기죽거나 눈물 흘리지 않는다!

"그럴 일은 없을 겁니다. 우린 무사히 임무를 완수하고 돌아갈 거니까요!"

"좋다! 모두 들으라! 우리는 결코 죽지 않는다! 늑대인간의 용맹함을 저들에게 보여 주자!"

"워우우우우우!"

우와, 멋지다! 늑대인간들은 '와아~!' 하며 달려드는 인간 군인들과는 다르게 늑대처럼 하늘을 향해 길고 멋진 포효를 내뿜었다. 어느새 적들은 마을 입구에 들어서고 있었다.

"좁은 마을 입구에서 싸우는 게 중요합니다! 지금이에요!"

"돌격!"

챙! 캉! 카캉! 챙캉!

"으아아악~!"

정말 치열한 전투였다. 가까이서 본 몽골군들은 키도 크고 근육도 엄청난 데다 저마다 어마어마한 도끼와 칼을 들고 있어 정말 무시무시했다. 하지만 더욱 놀라운 것은 그런 몽골군들을 할퀴기 한 방에 두세 명씩 쓰러뜨리는 늑대인간들이었다. 선두에 나선 레오니다스는 말할 것도 없고, 나머지 늑대인간들도 모두 강력했다. 과연 최정예로 선발한 늑대인간 특공대답게 누구 하나 물러서는 이 없이 용감하게 싸웠다.

마을 입구는 대여섯 명 정도가 나란히 들어올 정도의 폭이었는데 수백 명의 몽골군이 몰려와도 입구를 지키는 이십여 명의 늑대인간들을 뚫지 못했다. 그때 마을 입구 옆의 수풀 사이를 헤집고 들어오려는 몽골군들이 보였다. 뒤에서 전투 상황을 지켜보던 나는 재빨리 소리쳤다.

"앗! 레오니다스! 옆으로 옵니다! 뒤로 후퇴!"

"음?! 반올림의 신호다! 1차 거점으로 후퇴하라!"

레오니다스는 부하 늑대인간들과 함께 마을의 안쪽까지 들어왔다. 비좁은 마을 입구 옆으로 들어온 몽골군은 예상대로 수풀에 있던 벌집을 건드렸고, 화가 잔뜩 난 말벌 수백 마리가

벌집에서 튀어나와 몽골군들을 공격했다.

"으아아악! 버, 벌이다! 으악! 악!"

많은 수의 몽골군이 벌에 마구 쏘여 쓰러졌다. 벌떼 공격에 아군이 휩쓸리지 않도록 앞에서 싸우던 늑대인간들은 뒤로 잠시 빠지도록 했다. 작전 성공! 하지만 일부 몽골군은 말벌도 뿌리쳐 가며 마을 안까지 들어왔다.

"지금이에요! 항아리를!"

"이거나 먹어랏!"

늑대인간들은 내 신호에 맞춰 밤송이를 잔뜩 담아둔 항아리를 와르르 바닥에 쏟아 버리고 마을 뒤쪽으로 향했다. 벌에 쏘이고 밤송이를 밟은 몽골군들의 비명이 텅 빈 마을에 울려 퍼졌다.

얼핏 보아하니 선두로 나선 백 명 정도는 전투가 불가능할 만큼 타격을 받은 것 같았다. 하지만 우리가 기다리는 강 쪽에서의 신호는 아직 들려오지 않았다.

"음, 저쪽은 아직인가?"

"강까지 가는 시간도 있으니……. 어떻게든 시간을 더 벌어야 해요!"

    우리는 달려드는 몽골군들과 싸우며 조금씩 마을을 빠져나
갔다. 10분쯤 지났을까? 큰 피해는 없었지만 늑대인간들이 지
친 기색을 보였고, 조금씩 다치는 전사들도 생겨났다. 그때 드
디어 강 쪽에서 작전 신호인 늑대 울음소리가 들려왔다!

    워우우우우!

    "레오니다스! 지금이에요!"

    "됐군! 모두들 2차 거점으로 후퇴…… 앗! 조심하게 반올림!"

    콰악!

정말 순식간에 벌어진 일이었다. 뒷걸음질치며 도망치던 우리의 뒤에서 20여 명의 궁수가 나타나 활을 쏜 것이다. 그중 나에게 날아온 화살 한 발을 레오니다스가 자신의 팔로 막아 냈다.

"레, 레오니다스! 괜찮아요?"

"크윽! 이 정도 화살쯤이야! 난 괜찮네! 그보다 지금 앞뒤로 포위당한 상황 아닌가?"

"이런! 어느새……."

몽골족 특공대로 보이는 궁수들은 혼란한 와중에 섬을 빙 돌아 우리 뒤쪽을 습격한 것이다.

"쯧, 진퇴양난이로군."

그러고 보니 앞에는 마을에서부터 쫓아오는 몽골군들이, 우리가 도망쳐야 할 뒤쪽엔 궁수들이 잔뜩 있었다. 내가 어쩔 줄 몰라 팔에 화살을 맞은 레오니다스만 바라보고 있을 때 궁수들이 다시 조준을 하며 시위를 당기는 모습이 보였다. 그것도 모든 궁수가 동시에!

"이런! 레오니다스 님! 여긴 저희가 몸으로 막겠습니다! 도망치십시오!"

"뭐, 뭐라!? 안 된다!"

"크워어어!"

안 돼! 늑대인간들 대여섯이 우리 앞을 막아서며 뒤쪽의 궁수들을 향해 달려들었다. 날아오는 화살을 몸으로 막을 생각이다! 이러다간 꼼짝없이 모두 죽고 말거야. 어떻게 해야 하지?!

앗! 그렇지! 한 가지 방법이 있었다.

"미, 미카엘! 미카엘! 도와줘요!"

슈우웅! 번쩍!

내 외침에 온 세상에 아주 잠시 밝은 빛이 보이는 듯하다 이내 사라졌고, 나를 제외한 모든 주위의 시간이 멈췄다. 몽골 궁수들은 내 앞으로 나선 늑대인간들을 향해 활시위를 당기고 있는 모습이었다. 0.1초만 늦었어도……. 상상만 해도 간담이 서늘해진다.

"반올림, 이렇게 빨리 부를 줄은 몰랐다. 역시 전쟁이 꽤나 위험한 모양이군. 말했다시피 내 배가 고쳐지기 전까지는 단

한 번뿐인 기회다. 준비는 됐겠지?"

미카엘의 목소리가 이렇게나 반가울 줄이야. 단 한 번뿐인 기회였지만 지금 이 순간은 도저히 미카엘의 힘을 빌리지 않을 수 없었다.

"그럼요! 미카엘, 이 퀘스트를 클리어하면 제 목걸이도 잠시 동안 사용할 수 있는 거겠죠?"

"물론이다. 그럼 퀘스트 문제를 주지. 삼각형에 관한 문제다. 네 눈앞에 도형의 그림을 띄워 주마. 어렵지는 않으니 잘 풀어 보도록!"

삼각형! 삼각형은 세 개의 선분으로 둘러싸인 도형인데, 2학년 1학기와 3학년 1학기 수학 시간에 배웠다. 과연 어떤 문제일지 궁금했다.

"자나 각도기 같은 그 어떤 것도 사용하지 말고 다음 삼각형의 세 각의 합을 말해 봐라."

"네에?! 아니 그게 무슨……?"

무슨 이런 황당한 문제가 다 있담? 자나 각도기도 없이 삼각형의 세 각의 합을 구하라니?! 게다가 그림의 삼각형은 세 각 중 어떤 각도 제시되지 않았다. 하나의 각도 모르는데 어떻게 세 각의 합을 구한담? 어라? 잠깐만! 생각해 보니 삼각형의 세 각의 합은 항상 180도잖아?

"정답은 혹시…… 180도?"

"맞았다. 생각하는 시간이 길군. 어렵지 않은 문제라고 하지 않았느냐."

"끄응, 알고 있는 내용이었는데도 이런 식으로 문제가 나오니 헷갈렸어요."

"그럼 두 번째 문제다. 이 삼각형 두 개를 겹쳐서 이런 모양의 사각형을 만들었다. 마찬가지로 아무것도 사용하지 말고 이 사각형의 네 각의 합을 말해 봐라."

"에엣?"

잠깐! 이번엔 아까처럼 어리바리하지 않게 쉽게 생각하기로 했다.

"음! 사각형 네 각의 합은 2 × (삼각형 세 각의 합)이에요. 삼각형 세 각의 합은 항상 180도지요. 그러니까 사각형 네 각의 합은 2 × 180 = 360도!"

"정답이다. 자, 이제 아주 잠깐이지만 네 목걸이를 사용할 수 있을 것이다. 행운을 빈다, 반올림."

미카엘의 말이 끝나자 내 목에 걸린 해골 목걸이가 눈부시게 빛났다. 아이템을 사용할 수 있다는 신호이다. 나는 멈춘 시간이 다시 흐르기 전에 재빨리 자리를 박차고 움직였다. 내 앞을 막아선 늑대인간들보다도 더 앞으로 뛰쳐나가 해골 목걸이를 궁수들에게 조준했다. 그와 동시에 멈춘 시간이 다시 흘렀다!

"이야아아압!"

퍼퍼퍼펑!

"끄아아아악!"

역시 내 마법 아이템은 굉장하다니까! 해골 목걸이에서 뿜어져 나온 광선은 순식간에 몽골군 궁수 20여 명을 하늘 높이 날려 버렸다. 마치 눈에 보이지 않는 거인에게 뻥 걷어차인 것 같은 모양새였다. 레오니다스와 늑대인간들은 눈 깜짝할 순간에 벌어진 상황에 넋이 나간 모습이었다.

"아, 아니 이게 대체 어떻게……? 반올림! 역시 자네는 전설 속의……!"

"전설이요? 아니, 그보다 빨리 여길 벗어나야 해요. 자, 어서 일어나세요!"

"으, 음! 그, 그러지! 자, 모두들 2차 거점까지 후퇴한다!"

나는 늑대인간들과 함께 레오니다스를 부축했다. 이미 내 목걸이는 빛이 사라졌고, 딱 그 한 방이 처음이자 마지막이었다. 하지만 괜찮아! 이제 약속한 거점까지만 후퇴하면, 아름이의 작전이 기다리고 있다. 남은 수백 명의 적을 한 번에 쓸어버릴 수 있는 그 작전이!

〈하권에 계속〉

여러분, 본문 속에 녹아 있는 직각, 예각, 둔각에 대해 더욱 자세히 알아볼까요?

1 직각, 예각, 둔각이란 무엇일까요?

두 직선이 만나서 이루는 각이 90°가 될 때 '직각'이라고 하는 건 아는데 예각, 둔각이라는 말은 잘 모르겠다고요? 어렵지 않아요. '직각'이 되는 90°를 기준으로 그보다 작으면 '예각', 그보다 크면 '둔각'이라고 해요. 그러니 각도가 89°라면 예각, 91°라면 둔각이라고 할 수 있어요. 아래의 그림을 보세요.

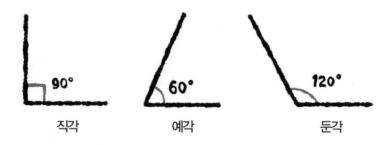

90°는 직각, 60°는 예각, 120°는 둔각이 됩니다. 피타고레 박사님이 시계를 가리키며 설명해 주신 것 기억하고 있나요? 우리 주위에는 각도를 이루고 있는 물건이 많답니다. 주위에 있는 사물들에서 더 많은 직각, 예각, 둔각을 찾아보세요!

2 삼각형에 있는 직각, 예각, 둔각을 찾아봅시다.

3학년 1학기 때 배운 여러 삼각형 이름들을 기억하고 있나요? 삼각형 속에 숨어 있는 직각, 예각, 둔각을 찾아봅시다.

도형 ①은 삼각형의 세 각 중 한 각이 90°를 이루고 있는 직각 삼각형이에요. 나머지 두 각은 90°보다 작으니 예각이 됩니다.

도형 ②는 세 변의 길이가 모두 같고 세 각의 크기가 모두 같은 정삼각형이에요. 세 각이 90°보다 작으니 모두 예각이 됩니다. 참! 삼각형의 세 각의 합은 180°라는 것 알고 있지요? 정삼각형은 세 각의 크기가 모두 같으니 한 예각의 크기는 180 ÷ 3 = 60(°)라는 것을 알 수 있어요.

도형 ③은 두 변의 길이가 같은 이등변 삼각형이에요. 맨 위에 있는 넓은 각은 90°보다 크니 둔각이 되고, 나머지 두 각은 예각이 됩니다.

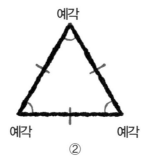

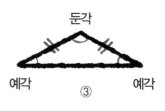

3 삼각형의 세 각의 합은 정말 180°일까요?

　　정확하게 각이 세 개인 도형이라면 언제나 삼각형의 세 각의 합은 180°가 됩니다. 정삼각형은 60 + 60 + 60 = 180(°)가 되겠지만, 직각 삼각형도 아니고 이등변 삼각형도 아닌 제멋대로 생긴 삼각형이라도 각도기를 이용해 각의 크기를 재어 보면 세 각의 합은 정확히 180°가 돼요.

　　의심스럽다고요? 종이에 직각 삼각형도 아니고 이등변 삼각형도 아니고 정삼각형도 아닌 삼각형을 하나 그려 보세요. 그다음 에잇! 과감하게 삼각형의 세 귀퉁이를 찢거나 잘라봅시다. 그리고 자른 세 귀퉁이를 붙여 볼까요? 짠! 정확하게 180°가 되었습니다. 너무도 당연한 결과이지만, 이렇게 삼각형의 세 각의 합이 180°임을 증명해 볼 수 있답니다.

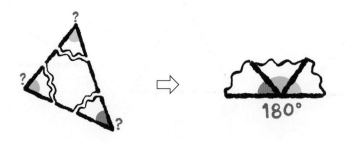

4 삼각형의 세 각의 합이 180°라면, 사각형의 네 각의 합은 얼마일까요?

 삼각형의 세 각의 합이 180°라는 것을 이용해, 사각형의 네 각의 크기의 합이 360°라는 것을 알 수 있습니다. 아래의 그림을 보세요.

 이 삼각형도 직각 삼각형도 이등변 삼각형도, 정삼각형도 아니네요. 그런데 이번엔 각도가 적혀 있습니다. 125 + 35 + 20 = 180(°)가 되는군요. 만일 이와 똑같은 삼각형을 뒤집어서 이어 붙이면 어떻게 될까요? 보세요. 20°와 35°가 더해져 55°가 되었네요. 이제 차례로 더해볼까요? 125 + 55 + 55 + 125 = 360(°)가 됩니다. 그러므로 (사각형 네 각의 합) = 2 × (삼각형 세 각의 합) = 2 × 180도 = 360도라는 것을 알 수 있어요.

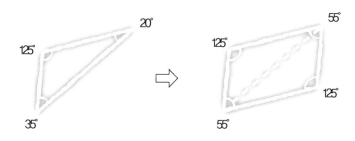

"박사님, 안녕하세요."

"오! 올림이 왔구나! 어서 오거라."

주말을 맞아 피타고레 박사의 탐정 사무소에 반올림이 찾아왔다. 올림이는 이번 주에 수학 시간에 배운 내용 중 이해가 안 되는 부분이 있어 수학 박사인 피타고레를 찾아온 것이다.

"어? 그런데 일원이는 오늘 탐정사무소에 안 나온 건가요?"

올림이는 사무실 주위를 두리번거렸지만 늘 사무실 어딘가에서 군것질을 하던 일원이가 보이지 않았다.

"아, 아니다. 조금 전까지 있었는데, 편지를 부친다고 잠깐 우체국에 다녀온 다고 했어."

"편지요? 일원이가요? 누구한테요?"

"음, 글쎄다. 뭔가 응모를 한다고 한 것 같은데……?"

그때 일원이가 룰루랄라 콧노래를 부르며 등장했다.

"야호! 다녀왔습니다!!"

"어휴, 호랑이도 제 말하면 온다더니."

"일원아, 편지를 부치고 왔다니? 그건 무슨 얘기야?"

"후후후. 〈어린이 수학 퀴즈왕〉이라는 잡지에 퀴즈의 정답을 적어 응모하고 오는 길이야. 정답을 맞힌 어린이 중에 추첨해서 최신형 컴퓨터를 준다고!"

"어? 정말? 나도 그 잡지 보는데……. 실은 나도 며칠 전에 응모했어."

"뭐야?! 이런, 너도 내 추첨의 라이벌이 되겠군."

하지만 일원이를 바라보는 올림이와 피타고레 박사의 표정이 떨떠름했다.

"뭐, 뭐야! 반올림! 왜 그런 눈으로 봐? 박사님도요! 왜요!?"

"일원아, '정답자' 중 추첨을 하는 건 알고 있지?"

"그러니까 박사님 말씀은 제가 틀린 답으로 응모했다는 거예요? 나 원 참. 별 것도 아닌 쉬운 문제였다고요! 자, 보세요. 지금도 갖고 있다고요."

일원이는 그렇게 말하며 〈어린이 수학 퀴즈왕〉 잡지의 문제 코너를 펼쳤다. 거기엔 그림과 함께 글이 쓰여 있었다.

"그래, 일원이 넌 몇 개라고 적어서 응모한 거니?"

"제가 수학을 조금 못하긴 하지만 숫자도 못 세는 줄 아세요!? 당연히 16개지요!"

일원이의 그 당당한 말에 반올림과 피타고레 박사는 그럴 줄 알았다는 표정으로 고개를 떨궜다. 그때 전화벨이 울렸다.

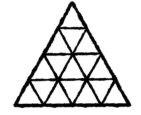

다음 그림에서 크고 작은 정삼각형의 개수는 몇 개일까요?

"앗, 잠깐만 내가 받을게."

피타고레 박사는 다급하게 전화를 받으며 이런저런 이야기를 하면서 반올림을 슬쩍 쳐다보았다.

"네, 맞습니다. 네, 올림이 여기 와 있어요. 네엣? 정말이요? 네, 알겠습니다."

"박사님, 무슨 일이에요? 누가 절 찾나요?"

"응. 너희 어머니께서 혹시 네가 여기 와 있나 물으시더구나. 어서 집으로 가 보거라. 지금 네 앞으로 최신형 컴퓨터를 배달해 준다는구나. 아무래도 올림이 네가 퀴즈 정답을 맞히고 1등 추첨에 당첨된 것 같구나."

"네에에엣?!"

올림이는 총알같이 집으로 뛰어갔고, 일원이는 망연자실하여 주저앉았다.

"말도 안 돼. 같은 정답을 적었는데 올림이는 당첨되고 나는 떨어지다니⋯⋯."

그러자 피타고레 박사는 한숨을 푹 쉬며 말했다.

"아니⋯⋯. 그건 아니다, 일원아. 컴퓨터 추첨은 '정답자' 중에서만 한다며? 너는 추첨 대상이 아니야. 올림이는 정답을 적어서 응모한 거란다."

그 말에 더욱 상심한 일원이는 그게 무슨 뜻이냐며 눈을 번뜩였다. 과연 크고 작은 정삼각형의 개수는 모두 몇 개일까?

'크고 작은'이라는 말에 유의해야 한다. 이 도형에는 네 가지 크기의 정삼각형
이 있다.

한 변의 크기가 1인 정삼각형 ⇨ 16개

한 변의 크기가 2인 정삼각형 ⇨ 7개

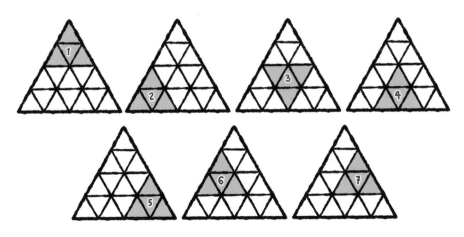

한 변의 크기가 3인 정삼각형 ⇨ 3개

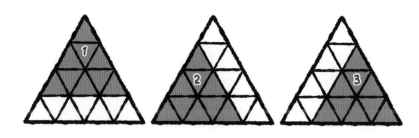

한 변의 크기가 4인 정삼각형 ⇨ 1개

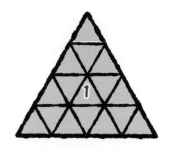

그러므로 크고 작은 정삼각형은 모두 16 + 7 + 3 + 1 = 27(개)가 되는 것이다.